计算机视觉：物体的检测与分割

张文超　著

西安电子科技大学出版社

内 容 简 介

本书是一部深入探索计算机视觉领域核心技术的专著。全书共 6 章，系统地介绍了物体检测与实例分割的相关研究成果，内容包括绪论、深度学习基础、可感知全局上下文的目标检测网络、基于特征增强与关系推理的目标检测网络、面向宏观语义差异的实例分割算法以及联合物体轮廓点和语义的实例分割方法。

本书特色在于将理论与实践相结合，不仅详细阐述了算法原理，还展示了大量详尽的实验，全面介绍了各类算法的实际效果与性能对比。

本书适合计算机视觉、机器学习及人工智能领域的科研人员、工程师及高年级学生阅读，是深入理解并实践物体检测与分割技术的必备参考书。

图书在版编目（CIP）数据

计算机视觉：物体的检测与分割 / 张文超著. 西安：西安电子科技大学出版社，2025. 5. --ISBN 978-7-5606-7526-8

Ⅰ. TP302.7

中国国家版本馆 CIP 数据核字第 20259ML909 号

JISUANJISHIJUE:WUTI DE JIANCE YU FENGE

策　　划　　刘小莉
责任编辑　　刘小莉
出版发行　　西安电子科技大学出版社（西安市太白南路 2 号）
电　　话　　（029）88202421　88201467　　邮　　编　710071
网　　址　　www.xduph.com　　　　　　　电子邮箱　xdupfxb001@163.com
经　　销　　新华书店
印刷单位　　陕西天意印务有限责任公司
版　　次　　2025 年 5 月第 1 版　　　　　2025 年 5 月第 1 次印刷
开　　本　　787 毫米×960 毫米　1/16　　印　张　11
字　　数　　170 千字
定　　价　　45.00 元
ISBN 978-7-5606-7526-8
XDUP 7827001-1
*** 如有印装问题可调换 ***

前　言

计算机视觉是一门研究如何使机器"看"和"理解"图像或视频的科学。它是人工智能领域的一个重要分支，涉及到图像处理、模式识别、机器学习等多个学科。物体检测和实例分割作为其中的核心问题，吸引了全球研究者的广泛关注。物体检测旨在识别图像中存在的目标，并给出其位置；而实例分割则进一步细化，需要对每个目标的精确轮廓进行识别和分割。这两个任务的成功完成，对于自动驾驶、医疗影像分析、智能监控等众多应用领域具有重要意义。

然而，尽管物体检测和实例分割技术已经取得了显著的成果，但其在实际应用中仍然面临着许多挑战。首先，自然环境下的复杂场景对模型的准确性提出了更高的要求，物体的遮挡、姿态变化、光照变化等因素都可能导致模型出现漏检或误检。其次，现有的两阶段目标检测和实例分割网络通常包含多个网络模块，如主干网络、特征金字塔网络和检测头网络等，这些模块需要大量的参数来实现复杂的特征提取和目标识别任务，导致模型的参数量庞大，需要占用大量的存储空间和计算资源。此外，自然图像中物体的多尺度变化、相互重叠、背景噪声和弱对比度等特性，使得模型在预测边缘时容易出现模糊，影响分割的精度。

为了深入应对上述挑战，本书在篇章结构上进行了精心设计。在第 1 章绪论中，笔者为您勾勒出计算机视觉技术的演进脉络，阐述物体检测和实例分割技术的核心地位及其在多个领域的广泛应用，为读者建立起对这些技术的初步认识和兴趣。第 2 章引导读者进入深度学习的世界，这是现代计算机视觉技术发展的基石。笔者将详细介绍深度学习的基本原理、关键技术和典型网络结构，确保读者能够掌握后续章节所必需的理论基础。在此基础上，从第 3 章开始，本书将逐一深入探讨物体检测和实例分割方法的不同方面。每一章都将从实际问题出发，提出具有针对性的研究动机，阐述为何需要特定的技术创新来解决现有挑战。笔者将介绍一系列创新性的网络模型架构优化方案，这些方案旨在提升算法的性能，包括但不限于提高检测精度、加快处理速度、增强模型的泛化能力等。在每一章的方法概述中，笔者详细解读所提出解决方案的技术细节，包括算法的设计思路、关键创新点以及它们如何针对特定问题进行改进。此外，为了验证这些方法的有效性，笔者将提供大量的实验结果。这些实验不仅在公开的标准数据集上进行，还包括对特定应用场景的深入分析，以展示所提方法在实际问题中的表现和优势。通过这样的结构安排，本书旨在为读者提供一个由浅入深、系统完整的学习路径。从基础理论到先进技术，从模型设计到实验验证，每一步都旨在帮助读者更好地理解和掌握目标检测与实例分割的精髓，最终能够在实际应用中发挥这些技术的强大潜力。我们相信，随着技术的不断进步和创新，物体检测与实例分割算法将更臻成熟和完善，为人类社会带来更多的可能性。

在撰写本书的过程中，笔者力求做到理论与实践相结合，不仅介绍了相关算法的数学原理和实现细节，还提供了大量的实验结果和案例分析。希望这本书能够成为计算机视觉研究者和工程技术人员的重要参考资料，同时也为对这一领域感兴趣的学生和爱好者提供学习资料和启发。

感谢所有为本书的完成提供帮助的人。我们期待与您一起，见证计算机视觉领域的每一次进步和突破。

作　者

2024 年 10 月

目 录
CONTENTS

第1章 绪 论

1.1 计算机视觉简介

1.1.1 从生物视觉到计算机视觉

人类是通过眼睛与大脑来获取、处理与理解视觉信息的。周围环境中的物体在可见光的照射下，在人眼的视网膜上形成图像，感光细胞将这些图像转换成神经脉冲信号，经神经纤维传递至大脑皮层，由大脑皮层对信号进行处理与理解[1]。视觉，不仅指对光信号的感受，还包括对视觉信息的获取、传输、处理、存储与理解的全过程。

生物视觉通路是从眼睛接收光信号开始，经过一系列神经结构的传递和处理，最终在大脑皮层形成视觉感知的神经途径[2]。在视网膜神经节细胞投射的主要脑区和结构中，视觉系统主要包括眼睛(包括视网膜与视神经)、外侧膝状体(简称外膝体)以及视皮层(包括纹状皮层以及纹外皮层)等，它们在功能上主要负责视觉信息的获取和处理进而形成视觉，同时也与其他脑区一同参与到一些和视觉成像无关的行为控制中[3]。

在视觉系统的组成结构中，眼睛、外膝体与视皮层构成了对视觉信息处理的三个基本层次。进一步的分析表明，外膝体与视皮层，尤其是视皮层，还有更为复杂的分块分层结构[4]。分块表明了视觉信息处理的并行性质，不同区域的神经细胞具有不同的功能；分层表明了视觉信息处理的串行性质，每个区域的神经细胞相互关联。因此，生物视觉系统是一个串行与并行处理相结合的复杂系统[5]。生物视觉通路上各层次的神经细胞由简单到复杂，它们所处理的信息分别对应于视网膜上的一个局部区域，层次越深入，该区域就越大，这就是著名的感受野(Receptive Field)与感受野等级假设；感受野是支持视觉信息分层串行处理的最重要的生理学证据[6]。

受生物视觉机制的启发，研究人员根据人类视觉系统的工作原理，从图像获取、预处理到特征提取、模式识别和高层次理解，逐步建立起算法和模型来实现类似人类的视觉感知和理解能力。其中，卷积神经网络[7](Convolutional Neural Network，CNN)是最具代表性的模型之一。卷积神经网络的设计直接借鉴了生物视觉系统的结构，特别是视皮层的分层和分块特性。通过多个卷积层、池化层和全连接层的组合，CNN 能够从输入图像中逐层提取特征。这种逐层提取特征的方式，与视皮层中的感受野逐层扩大、信息逐层整合的机制非常相似。CNN 的每一层都可以看作是对输入图像的某种抽象表示，层次越深，表示的抽象程度就越高，最终在高层次实现对图像的理解和分类。

深度神经网络和深度学习技术的发展进一步推动了计算机视觉的进步。近年来，研究人员在深度学习的基础上提出了许多改进和变种，例如循环神经网络[8](Recurrent Neural Network，RNN)、生成对抗网络[9](Generative Adversarial Network，GAN)等。这些模型在图像分类、目标检测、图像生成和图像分割等任务上取得了显著成果。例如，AlexNet[10]、VGG[11]、ResNet[12]等经典的卷积神经网络模型，通过引入更深层次的网络结构和更复杂的卷积操作，大幅提高了图像分类的准确率；而 YOLO[13]、Fast R-CNN[14]等目标检测模型，则通过将目标检测任务转化为回归问题，实现了实时的目标检测和定位。这些深度学习模型和算法不仅在学术研究中取得了重要成果，也在工业界得到了广泛应用，自动驾驶、医疗影像分析、智能监控、人脸识别、增强现实等领域都依赖于深度学习技术的进步。

1.1.2　计算机视觉理论框架

在计算机视觉几十年的发展中，人们提出了大量的理论和方法，总体来说计算机视觉经历了四个主要发展历程，即马尔计算视觉、主动和目的视觉、多视几何与分层三维重建以及基于学习的视觉。

1. 马尔计算视觉

马尔计算视觉是计算机视觉领域的重要理论之一，其理论框架由 Marr 于 1982 年提出。马尔计算视觉理论主要关注如何理解和模拟生物视觉系统的工作原理，并将其转化为计算机算法和模型。该理论主要包括三个层次：计算理论、表达和算法、算法实现。

首先，在计算理论中，马尔将视觉系统看作一个信息处理系统，通过对输入图像的处理，输出对图像内容的描述。接着，在计算理论的基础上，需要考虑如何有效地表示输入图像，并设计相应的算法来实现计算理论中描述的功能。这一层次主要关注如何将视觉信息转化为计算机可处理的形式，以及如何设计算法来实现视觉任务。最后，马尔计算视觉理论提供了一个系统化的框架，用于理解和模拟生物视觉系统，并将其转化为计算机视觉的算法和模型。这一理论为计算机视觉领域的发展奠定了基础，并对后续研究产生了重要影响。

2. 主动和目的视觉

在马尔视觉计算理论提出后，研究人员想利用这种理论赋予工业机器人视觉能力，典型的系统就是所谓的"基于部件的系统"(Parts-based System)。研究人员逐渐认识到，尽管马尔计算视觉理论非常优美，但鲁棒性不够，他们认为这种三维重建过程是"纯粹自底向上的过程"，缺乏高层反馈[15]；而且"重建"缺乏"目的性和主动性"。

Bajcsy[16]认为视觉过程必然存在人与环境的交互，提出了"主动视觉"的概念。Aloimonos[17]则认为视觉要有目的性，且存在很多应用，不需要严格三维重建，提出了"目的和定性视觉"的概念。在计算机视觉和神经科学领域，主动视觉和目的视觉是两种不同的视觉方式，它们分别指代了人类或动物对环境的不同观察方式和目的。主动视觉指的是个体通过主动移动眼睛或头部等身体部位来获取更多信息的视觉方式。这种方式下，个体通过主动改变自身位置或观察角度，来选择性地观察和探索环境中感兴趣的区域或物体。主动视觉强调个体对外界信息的主动控制和参与，通过主动调整视觉焦点和观察角度，提高对环境的感知和理解能力。目的视觉是指个体在特定目标或任务的指导下进行的视觉观察和行为。在这种方式下，个体的视觉行为受到特定目标或任务的约束，其观察和注意力主要集中在与目标相关的区域或物体上。目的视觉强调个体根据特定目标或任务进行有效的信息获取和处理，以实现特定的认知或行为目标。

两种视觉模式在人类和动物中都有广泛的应用。主动视觉使个体能够主动探索环境，获取更多的信息，适应不同的情境和任务需求；而目的视觉则使个体能够专注于特定目标或任务，提高认知和行为的效率和准确性。在计算机视觉领域，主动和目的视觉的概念也被引入到算法和系统设计中，例如，主动视觉算法可以用于机器人导航和环境探索，而目的视觉算法则可以用于目标检测、物体跟踪等任务。

3. 多视几何与分层三维重建

20 世纪 90 年代初，计算机视觉从"萧条"走向"繁荣"，主要得益于以下两方面：一方面，瞄准的应用领域从精度和鲁棒性要求很高的"工业应用"转到仅仅需要"视觉效果"的应用领域，如远程视频会议、考古、虚拟现实、视频监控等；另一方面，人们发现，多视几何理论下的分层三维重建能有效提高三维重建的鲁棒性和精度[18]。

多视几何研究如何从多个视角的图像中恢复场景的三维几何信息。该概念最早由 Hartley 和 Zisserman 提出。多视几何的研究基于几何学原理和相机成像模型，通过分析多个视图之间的几何关系来推断场景中物体的三维位置、形状和运动，常见的技术包括立体视觉、三维重建和结构光等[19]。分层三维重建由 Seitz 和 Dyer 提出，它是一种将场景的三维结构分解成多个层次的重建方法。分层三维重建通过在不同的层次上进行分解和重建来更好地处理具有复杂性和多样性的场景。分层三维重建的分层结构能够提高重建的效率和准确性，并且能够应对大规模和复杂场景的挑战。

多视几何和分层三维重建的发展推动了计算机视觉的研究和应用，为虚拟现实、增强现实、计算机辅助设计、智能交通等领域提供了重要技术支持。这些技术在医疗影像处理、地理信息系统、机器人导航等领域的应用也日益广泛。

4. 基于学习的视觉

随着数据积累和计算能力的提高,基于学习的视觉在传统计算机视觉方法的基础上,引入了机器学习和深度学习等技术,结合大规模数据和计算能力的提升,逐步发展演变而来。它大体上分为两种:以流形学习为代表的子空间法和以深度神经网络和深度学习为代表的视觉方法。

流形学习是一种机器学习方法,旨在从高维数据中发现潜在的低维流形结构。它的目标是通过学习数据样本之间的局部关系,将数据映射到一个更低维的流形空间中,从而实现数据的降维和特征提取[20]。子空间法是流形学习的一种重要方法,它通过探索数据样本之间的线性结构来发现这些子空间,并利用这些子空间进行降维、特征提取或聚类等任务。其代表性算法包括主成分分析(Principal Component Analysis,PCA)、局部线性嵌入(Locally Linear Embedding,LLE)、拉普拉斯特征映射(Laplacian Eigenmaps)、核主成分分析(Kernel PCA)等。

神经网络作为一种模仿人类神经系统结构和功能的数学模型,在 20 世纪 50 年代就已经被提出。然而,在当时,受限于计算资源和训练算法,神经网络的发展并不十分迅速。CNN 的出现使得深度学习逐渐出现在人们的视野中,但由于计算资源的限制和梯度消失等问题,深度学习的发展受到了一定的制约。伴随着互联网的快速发展和数据的大规模收集,大数据为深度学习提供了丰富的数据资源,人们提出了一系列优化算法和训练技巧,如随机梯度下降(Stochastic Gradient Descent,SGD)、反向传播算法(Back Propagation)、批量归一化(Batch Normalization)等,有效地解决了深度神经网络训练过程中的梯度消失和梯度爆炸等问题,进一步推动了深度学习的发展。深度学习技术不断发展和优化,其在图像分类、目标检测、语义分割、图像的合成与生成、医疗影像分析等视觉任务中取得了巨大成功,由此深度神经网络和深度学习成为计算机视觉领域的主流方法之一。

1.1.3　计算机视觉研究方向

随着计算机视觉技术的快速发展，其研究方向也在不断拓展和深化。计算机视觉不仅在传统的图像处理和分析任务中取得了重大进展，还逐渐渗透到更多的应用场景和领域中。通过结合深度学习、强化学习和其他前沿技术，计算机视觉在各个方面展现出巨大的潜力和广泛的应用前景。本小节主要从图像分类、目标检测、实例分割、图像的生成与合成以及医疗影像分析这五个方向进行探讨和分析。

1. 图像分类

图像分类是计算机视觉中的基础任务之一，旨在将输入图像分配到预定义的类别中。图像分类技术的发展经历了从传统机器学习方法到深度学习方法的转变。在深度学习出现之前，图像分类通常依赖于手工设计的特征提取方法，如 SIFT、HOG 等，这些方法在特征表达能力上存在局限性。随着深度学习的发展，尤其是 CNN 的出现，图像分类技术开始实现端到端的学习，即直接从原始像素映射到类别标签，这一转变极大地提高了分类的准确性。例如，AlexNet、VGG、ResNet 等经典模型通过引入更深层次的网络结构和更复杂的卷积操作，大幅提高了图像分类的准确率。这些模型广泛应用于各种图像分类基准测试中，并在实际应用中得到广泛验证，如人脸识别、物体分类和图像检索等领域。

2. 目标检测

目标检测任务不仅需要识别图像中的物体，还要确定其在图像中的具体位置。近年来，随着深度学习技术的快速发展，目标检测领域涌现出了一系列高效的算法，例如 YOLO(You Only Look Once)、SSD(Single Shot multibox Detector)和 Faster R-CNN。YOLO 算法是一种端到端的目标检测方法，它将目标检测任务视为一个回归问题，直接进行从图像像素到边界框坐标和类别概率的映射；SSD 算法在每个特征图上使用多个不同尺寸的锚框，并通过卷积神经网络预测每个锚框的类别和位置；Faster R-CNN 算法则通过引入区域建议网络(Region Proposal Network，RPN)来改进传统的R-CNN 算法。RPN 网络能够自动生成候选区域，然后利用卷积神经网络对这些区域进行分类和边界框回归，从而实现快速而准确的目标检测。Faster R-CNN 算法通过结合 RPN 和 CNN，实现了实时任务中高效和准确的目标检测，并且在自动驾驶、安防监控、智能交通等领域展示了其强大的实用价值和广泛的应用前景。

3. 实例分割

实例分割结合了目标检测和语义分割，能够识别图像中的各个实例并分割出它们的轮廓。Mask R-CNN 是该领域的代表性模型，它在 Faster R-CNN 的基础上增加了一个分割分支，使其既能检测目标又能生成高质量的分割掩码。其设计简单直观，易于训练，并且与 Faster R-CNN 相比，只增加了很小的计算开销，能够以 5 帧每秒的速度运行。此外，Mask R-CNN 的框架非常灵活，易于泛化到其他任务，例如估计人体姿态等。在实际应用中，Mask R-CNN 因其卓越的性能和灵活性，被广泛应用于自动驾驶、医学影像分析、视频分析等领域。

实例分割技术的发展极大地推动了计算机视觉领域的进步，Mask R-CNN 模型的成功展示了深度学习在解决复杂视觉任务中的潜力。随着技术的不断进步，实例分割将在更多领域发挥重要作用，为各行各业带来变革。

4. 图像的生成与合成

图像的生成与合成技术是计算机视觉和图形学交叉领域的一个重要研究方向，它涉及从现有数据中生成新的图像内容或将多个图像合成为新的图像。生成对抗网络(Generative Adversarial Network，GAN)是这一领域中最引人瞩目的技术之一，其通过训练两个相互竞争的神经网络——生成器(Generator)和判别器(Discriminator)，来生成逼真的图像。尽管 GAN 在图像生成和合成方面取得了巨大成功，但它也面临一些挑战，包括训练困难、模式崩溃(Mode Collapse)问题、评估生成图像的质量等。但随着研究的深入，GAN 的变体不断涌现，如条件 GAN、循环 GAN(CycleGAN)、StyleGAN 等，它们在特定任务上取得了更好的性能和更广泛的应用。近年来，扩散模型

(Diffusion Model)也进入了人们的视野，扩散模型也是生成模型领域的一个重要分支，它通过模拟数据的扩散过程来生成新的样本。

图像生成与合成技术的发展为艺术创作、娱乐、设计、广告等多个行业带来了革命性的变化，同时也为机器学习领域提供了新的研究方向和应用场景。

5. 医疗影像分析

医疗影像分析是计算机视觉在医学领域的重要应用之一，旨在通过分析医学影像数据来辅助医生诊断和治疗疾病。常见的医疗影像分析任务包括病变检测、器官分割、疾病诊断等。深度学习技术在医疗影像分析中取得了显著成果，如 CNN 能够有效地从影像中提取特征并进行分类，其在肿瘤检测和分类任务中表现出色。通过训练，CNN 能够识别肿瘤的位置、大小和形态，进而辅助医生进行良恶性分类。语义分割网络作为一种端到端的像素级分类模型，已被广泛应用于器官分割和病变检测。语义分割网络可以通过直接学习影像到分割掩码的映射，精确地识别和分割出影像中的器官和病变区域。除了单一任务的应用，深度学习模型也能够处理多模态影像数据和跨疾病的诊断，展现出了良好的泛化能力。此外，集成学习方法也被用于提高模型的鲁棒性和准确性。

随着技术的进一步发展和计算能力的提升，深度学习将在医疗影像分析领域发挥越来越重要的作用，为医生提供功能更加强大的辅助工具，从而提高诊断的效率和准确性。

1.2   检测与分割研究现状

在科学技术发展进程中，人类从简单地观察、模仿大自然逐渐迈向了认识自然、改造自然的新时代，而自主化的人工智能(Artificial Intelligence，AI)系统是人类不断探索和认识世界过程中的一个优秀产物，其已逐渐融入到了老百姓的日常生活之中。为了加速智能化世界新体系的建设，全球各国纷纷组织制定了未来人工智能的长期发展战略。作为人工智能领域的

"领头羊"，自 2016 年起，美国政府逐步起草发布了《国家人工智能研究和发展战略计划》和"美国人工智能倡议"[21-22]，为人工智能基础理论探索、可靠的交互式人工智能算法创新和新型人工智能配套硬件的研发等领域的发展赋予了更高的优先级。同时，《美国创新与竞争法案》[23]中指出，2022 年美国将继续扩大对人工智能及量子计算等领域的研发投入，总计将达 1000 亿美元。

英国则是欧洲人工智能发展的"高地"。为了搭乘智能制造和数字化建设的快车，2016 年，英国政府发布了《人工智能：未来决策的机会与影响》[24]和《机器人技术和人工智能》[25]两份重要文件，对未来英国人工智能行业的高端人才培养、高新企业发展和社会建设奠定了基础。此外，为了进一步推动社会经济发展，英国政府于 2018 年公布了政企结合的纲领性文件《产业战略：人工智能领域行动》[26]，倡导政府、企业和高校三辆马车并驾齐行，加强社会各机构间的合作，促进产学研共同发展。

亚太地区，日本在 2016 年发布"下一代人工智能促进战略"[27]，计划增加政府在智能制造产业的研发投入以提升其在人工智能新纪元中的竞争力。同时为了应对人口危机所带来的劳动力短缺问题，日本在 2017 年提出了《人工智能技术战略》[28]报告，旨在制定未来日本在人工智能领域的发展路线，进一步明确了 2020 年之前实现多领域电子智能应用创新，2020 年至 2030 年依托智能设计大力发展公共事业并在 2030 年之后完善跨领域智能技术融合的发展目标。作为昔日的 IT 强国，韩国政府为了追赶世界全面数字化建设的脚步和加速推动人工智能产业发展，颁布了《国家人工智能战略》[29]文件，阐述了人工智能作为未来经济和社会发展的核心位置，力图通过政府引导、企业研发和教育培养使韩国进入到"AI +"时代。

我国更是将人工智能产业作为社会长期发展的重中之重。如表 1.1 所示，自 2017 年起，中国便出台了一系列的政策性文件来驱动人工智能产业的发展。其中 2017 年 7 月国务院颁布的《新一代人工智能发展规划》[30]从战略层面确定和部署了智能制造、推理感知和特征识别等多个国家重点研发项目，从系统布局、市场主导和开源开放等多个维度阐明了国家打造新一代人工智能生态环境的决心。

表 1.1   中国关于发展人工智能产业的政策文件

文件名称	发布机构	发布时间
新一代人工智能发展规划	国务院	2017 年 7 月
促进新一代人工智能产业发展三年行动计划	工业和信息化部	2017 年 12 月
关于促进人工智能和实体经济深度融合的指导意见	中央全面深化改革委员会	2019 年 3 月
国家新一代人工智能标准体系建设指南	国家标准化管理委员会、中央网信办、国家发展改革委、科技部和工业和信息化部	2020 年 7 月
"十四五"数字经济发展规划	国务院	2021 年 12 月

除此之外，丰富的多媒体数据资源和广阔的实际应用场景为中国孕育多元智能生态环境带来了得天独厚的优势。斯坦福大学公布的《人工智能指数 2021 年度报告》[31]中的统计数据显示，2020 年中国人工智能相关的学术期刊论文引用量已经超过了美国，2019 年中国学术机构发表的经过同行评审的学术成果相较于 2014 年提升了 3.5 倍，而美国和欧盟同时期相比则仅增加了 2.75 和 2 倍。这充分说明了中国不仅成为了 AI 大国，而且正在逐步缩短与美国的差距，向 AI 强国迈进。如图 1.1 所示，我国在 2020 年 7 月发布的《国家新一代人工智能标准体系建设指南》[32]中将人工智能建设划分为了"A 基础共性""B 支撑技术与产品""C 基础软硬件平台""D 关键通用技术""E 关键领域技术""F 产品与服务""G 行业应用""H 安全与伦理"八个基础模块。其中计算机视觉技术作为未来需要突破的"E 关键领域

技术"，对我国多个行业如自动驾驶、工业机器人、智能监控、AI 医疗等都有着深远的影响。

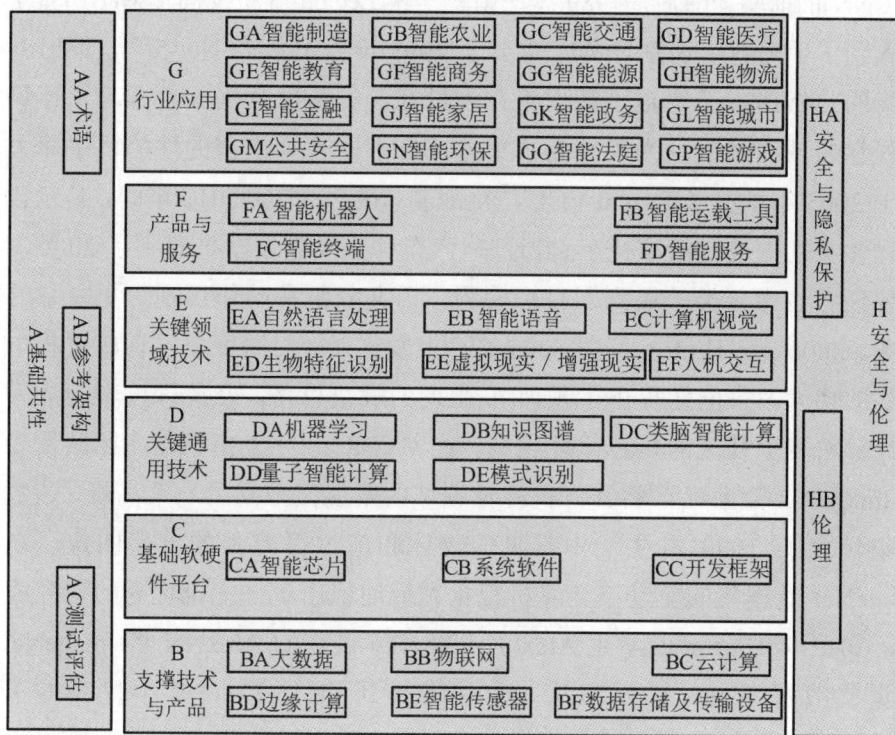

A基础共性	AA术语	G 行业应用	GA智能制造	GB智能农业	GC智能交通	GD智能医疗	H 安全与伦理	HA 安全与隐私保护
	AB参考架构		GE智能教育	GF智能商务	GG智能能源	GH智能物流		
			GI智能金融	GJ智能家居	GK智能政务	GL智能城市		
			GM公共安全	GN智能环保	GO智能法庭	GP智能游戏		
		F 产品与服务	FA智能机器人		FB智能运载工具			
			FC智能终端		FD智能服务			
		E 关键领域技术	EA自然语言处理	EB 智能语音	EC计算机视觉			
	AC测试评估		ED生物特征识别	EE虚拟现实/增强现实	EF人机交互			HB 伦理
		D 关键通用技术	DA机器学习	DB知识图谱	DC类脑智能计算			
			DD量子智能计算	DE模式识别				
		C 基础软硬件平台	CA智能芯片	CB系统软件	CC开发框架			
		B 支撑技术与产品	BA大数据	BB物联网	BC云计算			
			BD边缘计算	BE智能传感器	BF数据存储及传输设备			

图 1.1　国家新一代人工智能标准体系建设划分

19 世纪 60 年代，来自美国约翰斯·霍普金斯大学的神经科学家 Hubel 和 Wiesel 在发表的 "Receptive fields of single neurones in the cat's striate cortex"[33]论文中首次观察到猫的初级视觉皮层区域会对物体的直线边缘作出反应。最终他们通过实验得出结论：大脑中负责处理视觉任务的初级视觉皮层存在着简单和复杂的神经元，并且其总是首先被一些简单的结构所触发，例如物体边缘，而这一发现也是现在深度学习的核心基础。受 Hubel 和 Wiesel 的启发，1980 年日本计算机科学家构建了一个多层自组织人工网络 "Neocognitron"[34]用于手写字符识别，其主要由包含 S 细胞(Simple-cell)和 C 细胞(Complex-cell)的隐含层组成，S 细胞主要负责在感受野内进行局部特征提取，C 细胞不仅可以容忍局部特征的偏移，还可以对提取到的特征进行响应。通过这种级联的细胞结构可以对特征进行逐步提取和精炼，因此"Neocognitron"也被视为卷积神经网络(CNN)的前驱。随后，1989 年法国科学家 LeCun 等将反向传播(BP)算法引入到了手写数字识别任务[35]中并于 1998 年提出了 LeNet-5[36]，同时其收集的 MNIST 手写数字数据集作为最经典的基准数据集也推动了计算机视觉领域的发展。为了较为公平地评价不同视觉模型的性能，牛津大学于 2005 年举办了 Pascal VOC[37]挑战赛，在 2005 至 2012 年间，其包含的物体类别由最初的摩托车、自行车、汽车和人 4 类逐渐扩充到了 20 类，主要任务也由分类扩展到了目标检测、语义分割和动作识别等更复杂的任务。2006 年，Hinton 等在 Science[38]上发文，针对深度学习训练过程中面临的梯度消失问题提出了预训练-微调的解决思路，从此深度学习成为了计算机视觉社区的热点研究领域。在 CVPR 2009 上由李飞飞团队发表的 ImageNet 数据集[39]将计算机视觉领域的发展又推向了一个高峰，该数据集包含了 1000 种生活中常见的物体和超过百万张的自然图像。在 ImageNet 数据集的驱动下计算机视觉领域涌现出了一大批优秀的研究成果，2012 年 Hinton 的学生 Alex Krizhevsky 设计的 AlexNet 将 ImageNet 视觉挑战赛 top-5 错误率从 26.2%降低到了 15.3%，其不仅获得了 ImageNet2012 挑战赛冠军还成功引入了 ReLU 激活函数、Dropout 随机失活函数和 GPU 并行加速等网络训练优化策略，自此开启了卷积神经网络模型架构优化设计的全盛时期。从早期人工设计的 VGG 等网络到现在利用神经网络架构搜索技术来探索高效的网络拓扑结构，深度学习技术在近几年得到了快速的发展，并且随着 COCO[40]、KITTI[41]和 Cityscapes[42]等多任务场景数据集的出现，深度学习的主要任务也从简单的图像分类向密集目标检测、实例分割、关键点检测和视频检索等更高阶的任务进行了进一步的延伸。深度学习技术出色的性能和广阔的应用场景也不断地吸引着研究者们对其进行更深入的探索，使其在不同领域的性能表现突破了一个又一个高峰。以 ImageNet 视觉挑战赛为例，从图 1.2 可以看出网络模型的精确度在不断增长而模型所需的参数量在不断降低，这也说明了深度学习技术在向着更快、更强的方向不断进步。

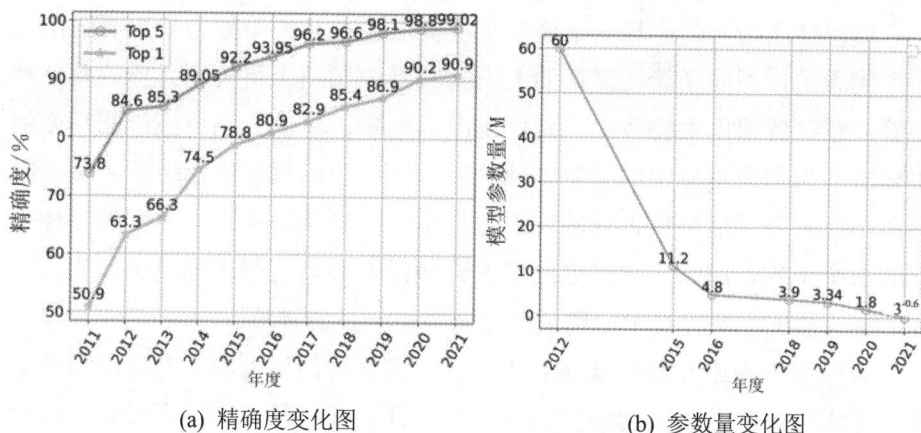

(a) 精确度变化图   (b) 参数量变化图

图 1.2 近年来分类任务性能变化

　　相较于图像级别的物体分类任务，目标检测和实例分割技术需要输出更多的信息。目标检测任务需要回答计算机视觉应用的两个基本问题：① 图片或者视频中包含什么物体；② 这些物体在哪儿。相应地，在目标检测任务中包含两个子任务：① 对每个物体的类别进行甄别；② 对图像中感兴趣的物体进行定位。而实例分割任务不仅需要区分出图像中每个感兴趣的个体，而且还需要勾勒出它们的边界，如图 1.3 所示。同时，在两阶段的实例分割技术框架中可以将目标检测视为实例分割的先导基础，对于物体的边界分割只是在检测到的物体边界框内对前后背景进行分离。虽然目标检测和实例分割技术在近几年已经得到了广泛的研究，但是面对复杂多样的应用场景和对检测效率与精度的高要求仍有很多问题亟待解决。现在的研究者们尝试从多个角度对目标检测和实例分割模型进行优化，从而也形成了多维的性能评价体系，如检测精度、检测速度、模型复杂度和泛化性能等。

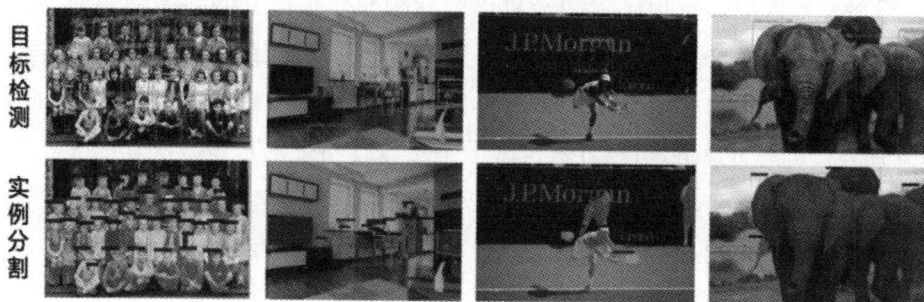

图 1.3 目标检测和实例分割任务示例

模型检测精度是衡量一个模型特征提取能力和决策能力最主要的指标，一个优秀的模型应当能在复杂的上下文关系中归纳出待检测目标的共性特征并以较高置信度对物体的类别作出准确判断。目前影响模型检测精度的主要因素包括数据集中同类别物体的差异性、类间物体的相似性和背景噪声的干扰。而目前可供训练的有限数据集仅是自然界中形态多变的物体数据的一个子集，因此，高精度的图像检测器必须具有强大的泛化能力，才能够在开放的物理世界中辨别出那些未曾见到过的物体。

对模型检测速度的考量则主要是为了满足日益增长的实时化应用场景的实际需求。随着人工智能技术的进步，许多新兴行业和应用场景应运而生，如无人驾驶、视频监控和边防预警系统等。这些应用场景会产生大量的数据流，并且，因为其场景的特殊性必须要建立高效、安全和可靠的处理系统。同时，可穿戴便携式设备和移动端等计算资源受限的应用场景下还需要考虑模型的复杂度问题。对于检测速度的优化可以从两个角度入手，一是打造对硬件更加友好的轻量化模型；二是设计更加快速和高效的处理芯片。

虽然现在已经有很多学者投入到目标检测和实例分割领域并且获得了不俗的成果，但是目前大部分模型复杂度较高并且面临一些复杂场景(如背景复杂、目标稠密等)时难以作出精准的判断。本书从模型设计优化角度出发，对于目标检测算法，通过挖掘特征金字塔(Feature Pyramid Network，FPN)中不同尺度的全局语义信息增强了局部与全局特征的交互；同时提出了高效的维度转化技术，将目标实例的特征转化到更大的度量空间来建模实例内部和实例之间的邻域特征关系。对于实例分割算法，本书不仅从宏观语义形态差异入手，提出了更加轻量化的卷积操作来提升网络的感知能力，还针对物体边缘分割困难的问题设计了轮廓辅助检测算法。

随着深度学习技术的发展，目标检测技术已经取得了重大进展，如图1.4 所示。最早的目标检测方法是基于手工设计特征的传统方法，如 V-J 检测器[43]、HOG 行人检测器[44]等。自 2014 年起，Fast R-CNN 等基于深度学习的方法逐渐兴起，这些方法极大提高了目标检测的准确率和速度。未来，目标检测技术将继续发展，更加注重实时性、鲁棒性和精度，并且将与其他技术相结合，为人类带来更多的便利和安全保障。

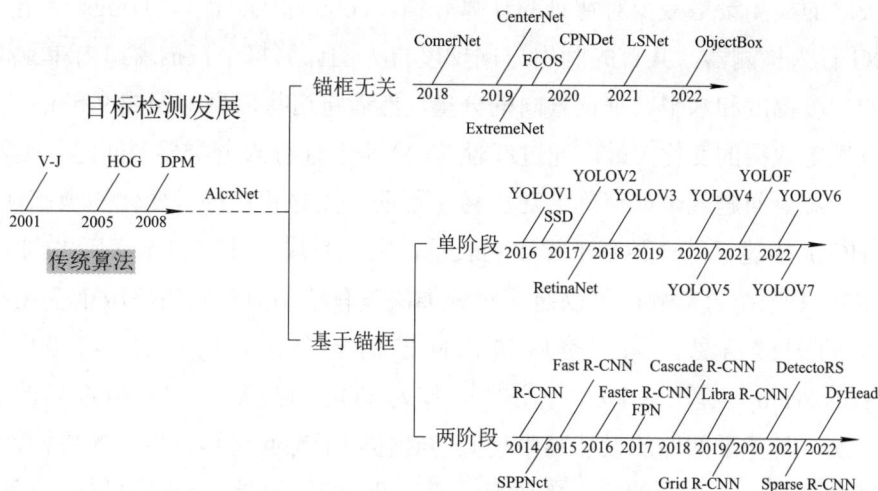

图 1.4 目标检测技术发展历程

1.2.1 传统物体检测算法

传统物体检测算法主要基于手工提取特征，其往往依赖于算法设计者的经验且只能提取特定类型的特征，如边缘特征、颜色特征和纹理特征等等，容易造成算法设计复杂、泛化性能较弱等问题。虽然其逐渐被基于深度学习的端到端检测框架所替代，但是其结构化的设计流程和"滑动窗口+特征提取器+统计分类器"的设计理念也为后续深度学习算法的问世奠定了基础。

如前所述，传统目标检测算法首先以不同大小和尺度的滑动窗口将一张输入图像划分为不同尺度的切片，然后在这些切片内应用可以匹配外观的数字图像特征算子(如 Haar 特征[45]、SURF 特征[46]、SIFT 变换[47]、HOG特征和 LBP 特征[48]等)来进行视觉特征匹配，最后利用统计分类器(如SVM[49]、Adaboost[50]和 Xgboost[51]等)通过阈值进行决策判断。在 2001 年的CVPR 国际会议上 Viola 和 Jones 提出的 V-J 检测器便采用了上述设计模式，其检测效率远远超出了其他同时期的模型，因此具有里程碑式的意义。V-J检测器成功的原因主要包括以下三点：① 利用积分图像来加速特征计算；② 采用 Adaboost 算法挑选少量的关键特征，减少特征冗余；③ 利用多阶

段级联的检测策略减少对背景的计算开销。2005 年 Dalal 和 Triggs 提出了
HOG 行人检测器, 其首先利用方向梯度直方图计算每个扫描窗口内单独像
素的梯度幅度和水平、垂直方向的分量, 然后将这些信息组织成 9-bin 直方
图以确定数据的变化, 最后通过线性 SVM 来创建行人分类器。创建分类器
的一个难点问题就是如何降低对图像中照明、姿势和遮挡等变化的敏感性,
而 HOG 描述符是一种基于梯度的表示, 它不受局部几何和光度变化(即形
状和光照变化)的影响, 可以捕获对分类决策有帮助而对照明等微小变化不
敏感的关键信息, 因此是解决该问题的一个良好的选择。2009 年
Felzenszwalb 等提出了 DPM 算法[52], 作为 VOC 挑战赛 2007—2009 年的冠
军算法, 其基于部件的设计准则使其对物体的形态变化具有很强的鲁棒性。
该算法采用了 "分而治之" 的设计思路, 例如对于车这一待检目标, 可以
将车拆解为车窗、车轮和主体轮廓等多个部分。DPM 同样采用了滑动窗口
和 SVM 分类器, 但不同的是, 其对 HOG 特征进行了优化, 在梯度方向计
算时结合了有符号梯度和无符号梯度来减少梯度向量维度, 以此来提升计
算效率。但是 DPM 算法需要针对特定目标设计不同的激励特征, 因此对数
据集的适应性较差。

1.2.2　基于深度学习的物体检测算法

如图 1.4 所示, 目前基于深度学习的目标检测网络根据锚框(Anchor Box)
生成方式划分为锚框无关(Anchor Free)和基于锚框(Anchor Based)两种方式。
其中最先发展是基于锚框流派, 基于锚框的方法主要通过为每个像素点或
者图像区域分配一组长宽比不同的预定义框来进行目标检测。而锚框无关
方法则利用边界框可以通过点的方式构成这一事实通过改进锚框的生成方
式来获取目标检测结果。

更进一步, 基于锚框的方法又可以根据是否筛选候选框划分为单阶段
(One Stage)和两阶段(Two Stage)方法。

单阶段方法以 YOLO[13,53-58]、SSD[59-61]系列为典型代表, 其主要特点是
利用卷积神经网络通过端到端的方式快速对目标进行检测。具体地, 单阶
段的目标检测方法避免了对感兴趣区域的裁剪, 而是在整个特征图上进行

密集检测。YOLO 系列首先将不同阶段的全局特征划分为不同大小的网格，然后分别预测每个网格中包含的物体。目前为止，YOLO 系列已经发布了 YOLOv1 到 YOLOv7。每个版本的网络结构都有所不同，YOLOv1[13]采用单独的全卷积神经网络，而后续的 YOLOv2[53]、YOLOv3[54]采用了更深的骨干网络，如 Darknet-19、Darknet-53 等。同时，随着 YOLO 版本的更新迭代，其在特征提取方式上也做了进一步的改进。YOLOv4[55]采用了残差网络 ResNet 和空间金字塔池化(Spatial Pyramid Pooling，SPP)结构，YOLOv5[56]采用 EfficientNet 网络结构，YOLOv6[57]采用了 CSPNet 结构。而最近发布的 YOLOv7[58]则采用了更高效的聚合网络和模型缩放技术对整体网络进行了优化。总的来说，每个 YOLO 版本都是为了解决上一版本存在的问题和局限而提出的，都有其独特的优势和适用场景。而 SSD[59]为特征图上的每个位置都分配若干个大小和尺度不同的锚框，并且提取网络中不同尺度的特征图来对每个锚框进行分类和回归。RetinaNet[62]分析了目标检测中前后背景不平衡的问题，并且提出了焦点损失函数(Focal Loss)来自适应地缓解这种不平衡造成的负面影响。

典型两阶段方法以 R-CNN 系列为代表，主要特点是首先通过候选区域建议网络(RPN)得到候选框，然后通过感兴趣区域对齐(RoI Align)操作将这些候选框的空间大小对齐之后再进行检测。具体地，两阶段方法首先提取 RoI 特征，然后对其进行分类和位置回归。R-CNN 是两阶段算法的雏形网络，其首先以在 VOC 数据集上预训练的 AlexNet 为主干网络，并且使用启发式搜索的方式从每张图片上选取一定数量的候选框；然后以 0.5 为交并比 (Intersection over Union，IoU)阈值，将每一个候选框归类至正负样本；接着将候选区域变换为 227×227 的统一大小送入 AlexNet 进行特征提取得到 $N \times 4096$ 维的特征向量，其中 N 代表批量大小；最后使用 SVM 为每一类训练单独的分类器进行判别。在深度学习网络中为了满足 FC 层矩阵维度对齐的需求，其输入图片的尺寸往往是固定的。但是这种强制地对原始图像大小进行转换的操作会破坏原始数据的内在联系而造成精度的下降。2015 年 He 等提出的 SPPNet[63]采用了空间金字塔池化的策略来缓解这一问题。其主要通过在第一个 FC 层之前插入 SPP 层，通过多级金字塔池化得到固定维度的输出，以此来避免对输入图像的裁剪或变形。2015 年，Girshick 提出的 Fast

R-CNN 对 SPPNet 进行了进一步的改进, 其优化了网络训练流程, 将分类和定位网络整合到同一网络中加速运算。虽然 Fast R-CNN 的检测速度相对于 R-CNN 取得了极大的进步, 但是其采用启发式搜索的方法获取候选框的方式仍占用了很大的开销。而在Faster R-CNN[64]中作者采用区域建议网络(RPN)来生成候选框, 使其成为了第一个接近实时检测的深度学习网络。Faster R-CNN 首先需要通过 RPN 来产生类别不可知的候选区域, 然后通过一个由 FC 层组成的头网络来为每一个候选框分配具体的类别并且对其定位坐标进行微调。

后续的算法也都基于这两种结构进行不断改进和完善。FPN[65]通过构建特征融合路径提出了特征金字塔网络来帮助模型学习多尺度特征。Double Head R-CNN[66]通过研究卷积神经网络和 FC 方式的不同特点, 将 Faster R-CNN 的检测和分类任务解耦来提升检测性能。在 Cascade R-CNN[67] 中, 作者通过研究不同 IoU 条件下训练样本对目标检测性能的影响, 提出了多阶段的检测结构, 每个阶段都有一个不同的 IoU 阈值。Libra R-CNN[68] 通过特征聚合和构建平衡损失函数缓解了 Faster R-CNN 中存在的样本分布不均匀的问题。在 DetectoRS[69]中, 作者提出了递归特征金字塔(Recursive Feature Pyramid, RFP)和可切换的空洞卷积(Switchable Atrous Convolution, SAC)模块实现了更大的特征感知范围。文献[70]提出了通过图像特征来指导锚框的生成。除了上述对于检测头网络的优化, 还有许多学者针对目标检测网络中的 FPN 组件进行了改进。Aug-FPN[71]针对原始 FPN 的设计缺陷分别设计了三个模块: 一致性监督(Consistent Supervision, CS)、残差特征增强(Residual Feature Augmentation, RFA)和软 RoI 选择(Soft RoI Selection, SRS), 其中 CS 模块通过添加中间层的辅助分类和定位任务来减少 FPN 中不同层之间的语义差异, RFA 通过一个内在的多尺度融合网络减少高层特征的信息损失, SRS 通过参数化的网络自适应地融合不同层的 RoI 特征。I-FPN[72]利用了循环神经网络 (RNN) 的思想生成更加均衡的特征。PRB-FPN[73]构建了具有双向(自顶向下和自底向上)融合特性的特征金字塔。DyFPN[74]使用门控机制动态选择 FPN 中间层的卷积核大小, 在提升模型性能的同时相对减少了计算资源的开销。文献[75]通过统计 FPN 中每层特征图上的目标分布计算相邻层之间的融合系数, 并以此对自底向上融合过程中的高层特征进行加权来增强模型对小目标的检测能力。BiFPN[76]在 PANet 的基础上去掉了信息输入较少的节点，并且增加了输入特征的跳跃连接融合结构来丰富输出特征。EFPN[77]发现小目标和中等目标特征在 FPN 中的耦合会影响小目标的检测，因此设计了专有的通道利用超分技术来解耦小目标特征。以上基于两阶段方法改进的杰出工作虽然在目标的检测精度上都取得了很大的提升，但是更加复杂的结构也需要提高模型的检测速度。

锚框无关的检测方法发展较晚一些，其抛弃了锚框的自动分配过程，而是通过将目标检测过程定义为物体边界点估计，让模型通过学习来建立更适合的锚框。CornerNet[78]将目标检测任务转变为了左上角点和右下角点的检测，并利用 Hourglass[79]网络作为主干网络来预测这两个点的热力图。ExtremeNet[80]在 CornerNet 的基础上进行了改进，其通过预测物体的上、下、左、右四个极点和中心点共五个点对目标进行检测。同样，CenterNet[81]也对 CornerNet 进行了改进，其认为 CornerNet 所利用的对角点位于物体自身范围之外而缺少内部信息交互，因此在对角点基础上增加了中心关键点的检测来增强对物体内部信息的关注。更进一步，为了兼顾物体的姿态变化，RepPoints[82]通过利用可变形卷积网络学习一组点集来获取目标位置。CentripetalNet[83]同样采用了角点检测方式,但是其认为之前方法采用角点向量距离进行角点匹配没有考虑目标的位置信息，因此提出对角点的向心偏移进行预测，并将偏移后较近的点进行匹配。针对锚框无关方法误检较多的问题，FCOS[84]同样去除了预先定义的锚框，并利用语义分割逐像素点的思想来解决检测问题。CPNDet[85]借鉴了两阶段算法的思想，首先对预测的目标点集进行遍历组成候选框，然后采用了两个分类器分别进行误检筛查和种类预测。LSNet[86]将目标检测、实例分割和关键点检测技术都利用点集来进行展示，通过多任务联合训练来进一步提高检测精度。而 ObjectBox[87]与上述采用多个点来表征目标不同，其仅采用物体中心位置作为参考点，并将目标回归问题定义为中心网格两个角点到边界框的距离回归问题。

整体来说，单阶段方法的全卷积网络结构使其拥有更快的处理速度，但是相比于两阶段方法，单阶段方法的准确率较低，尤其是在小目标检测和密集目标检测方面。同时，由于单阶段方法没有明确的背景/前景区分，因此在存在大量背景噪声的情况下检测精度容易受到影响。相比之下，两阶段方法会在第一阶段生成一些候选框，再通过第二阶段来精细调整和分类这些候选框，因此可以获得更高的检测准确率。但是，基于区域的两阶段检测流程也因为 RoI 裁剪等问题而弱化了物体与整体环境和物体间关系信息的学习能力。因此，本书第 4 章希望通过加强两阶段方法中对这种关系信息的注意力来提升目标检测网络的检测性能。

1.2.3   基于深度学习的实例分割方法

实例分割任务相对于目标检测技术发展较晚，因此其基本上都是基于深度学习理论进行研究。如图 1.5 所示，实例分割算法按照物体边界生成方式可以划分为基于轮廓边界和基于分割掩码两种类型。

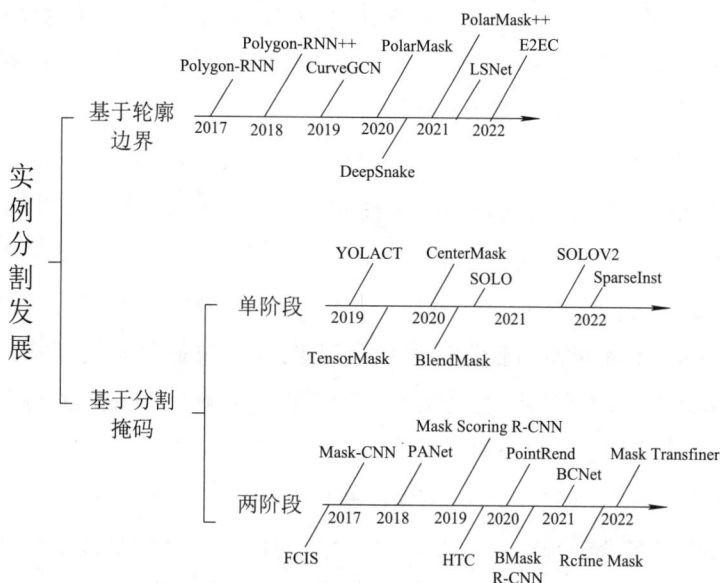

图 1.5   实例分割技术发展历程

基于轮廓边界的实例分割方法也可以视为利用点集来逐步构建物体多边形轮廓的方法。Polygon-RNN[88]基于 RNN 和 CNN 来生成物体的多边形轮廓，其首先采用 CNN 提取物体的视觉特征，然后将这些特征传递给 RNN 进行多边形轮廓的预测。Polygon-RNN 在实例分割任务上取得了较好的性能，能够准确地分割物体边界，并生成与物体轮廓相匹配的多边形。然而，由于该算法的复杂度较高，需要大量的计算资源和时间，因此在实际应用中受到了一定的限制。对于以上问题，Polygon-RNN++[89]对其进行了改进，不仅采用了多尺度特征融合策略，还引入了边界点筛选机制对 Polygon-RNN 进行优化。与 Polygon-RNN 相比，Polygon-RNN++在物体边界预测精度和计算效率上都有所提高，因此在实际应用中具有一定的优势。Curve GCN[90]是一种交互式实例分割标注算法，其将用户的标注融合到循环计算中，利用图卷积网络(Graph Convolution Network，GCN)对标注进行动态矫正，将物体的标注简化为一个多边形轮廓的构造过程。PolarMask[91]采用极坐标变换首先将物体的边界映射到极坐标空间中，并将物体的中心点视为坐标原点，然后将实例分割问题转化为极坐标中实例轮廓点预测问题来生成分割掩码。但是 PolarMask 算法对于小目标的分割效果不佳，容易出现漏检或误检的情况。Polarmask++算法[92]在 PolarMask 基础之上进行了改进，采用了多任务联合训练方式，同时学习目标的分类、定位和分割任务。同时，其还采用了自适应极坐标变换，可以根据目标的大小和形状进行动态调整，从而提高了分割的准确性。Deep Snake 算法[93]利用目标检测框作为初始轮廓，并利用圆卷积对初始轮廓进行多次迭代来逼近物体的真实边界。之前的方法都采用了手工设定初始轮廓或者较为粗糙的轮廓，这也增加了后续轮廓调整的难度。而 E2EC 方法[94]提出了可学习的轮廓初始化方式，利用物体中心点来计算轮廓点的位置偏移，并且结合多方向配准和动态匹配损失函数构建了更高效的端到端实例分割模型。

而基于分割掩码的实例分割方法都依附于目标检测或者语义分割任务，借助于这些前期任务，实例分割可以简化为自顶向下的对感兴趣区域内前景和背景的分离或者自底向上的像素间聚类任务。同时，对应于不同的目标检测方法，检测优先的实例分割可以分为单阶段和两阶段两种。单阶段方法凭借其快速的检测框架可以满足实时检测的需求，而基于两阶段流程的实例分割方法得益于其递进式过滤候选框的设计理念，可以获得更好的分割性能。YOLACT[95]首先在单阶段检测器上通过预测一组一维的掩码系数或二维的注意力分布图对并行生成的分割原型(Prototypes)进行加权，然后利用边界框检测分支预测的目标框来进行实例化。在 YOLACT 的基础上，YOLACT++[96]引入了可变形卷积网络(Deformable Convolution Network，

DCN)和分割质量评估体系进一步增强分割效果。TensorMask[97]采用了密集滑动窗口的方式来对实例边界进行预测，其将分割掩码的二维实例特征与特征张量的尺寸维度拼接形成一个高维特征进行处理。BlendMask[98]受Mask R-CNN[99]和 YOLACT 的启发，继承了 Mask R-CNN 生成候选框和YOLACT 生成掩码得分图的工作机制，提出了 Blender 信息混合模块来融合实例级别特征和像素级别特征。CenterMask[100]在 FCOS 检测模型上并行增加了一条掩码分支用于对其检测到的 RoI 进行前景的分割。SOLO[101]巧妙地引入了"Instance Categories"这一概念，并且类似于 YOLO 将输入图片划分为 $s×s$ 的网格来分别处理落入其内的实例。CondInst[102]通过动态条件卷积处理实例，消除了对 RoI 的裁剪和特征对齐的需要，提高了输出实例掩模的分辨率，并显著减少了推理时间。SparseInst[103]提出了一个更加高效的实例分割解决方案，其提出以实例激活图的方式来区分不同的实例，构造了更加轻量化的网络架构，在分割精度和推理速度上都超越了之前的单阶段实例分割网络。但是单阶段方法在处理小物体时容易受到像素级别的限制，难以实现精细的分割，导致分割效果不佳。并且其往往需要大量的训练数据才能获得较好的效果，但获取高质量的标注数据成本较高，因此在实际应用中难以满足要求。

　　两阶段方法不同于密集检测，而是采用 RPN 来甄选出更加可靠的类别未知的 RoI 来进行进一步的分类和定位。作为代表，Mask R-CNN 仅在 Faster R-CNN 上增加了一条并行的前背景分割网络对其进行了扩展便取得了杰出的成果。基于此，后续也衍生出许多改进的算法。Mask Scoring R-CNN[104]在 Mask R-CNN 的基础上新增了 Mask IoU 头网络来重新评估掩模预测的质量。PANet[105]为 FPN 构建了自底向上的扩展路径来融合更多的底层特征。BMask R-CNN[106]额外构建了辅助检测任务对目标的轮廓进行监督以增强网络对于具有歧义的边界信息的注意力。在网络模型训练过程中为了减少计算开销往往要采用池化操作降低输入特征的空间尺度，这也不可避免地丢失了物体的细节信息，因此实例分割任务往往难以获得精细的分割边界。而 PointRend[107]针对这个问题提出了一种可学习的上采样方法，通过对难以分割的像素不断微调来获得更精细的物体轮廓边界。同样，针对边界分割模糊的问题，RefineMask[108]则通过融合底层的细粒度特征补偿下采样过程丢失的物体细节信息，并通过逐步迭代获得更高分辨率的分割掩码以获取高质量的分割边界。而最近的 Mask Transfiner[109]则将难以分割的像素区域以四叉树结构表示，用于描述不同尺度特征图的信息损失状态，并且结合 Transformer[110]强大的全局特征表征能力进行长距离的特征关联来恢复细节特征。BCNet[111]对实际生活场景中存在的物体重叠和遮挡问题进行了研究，其通过构建双图层式的分割网络来分别检测前景目标和被遮挡对象。

尽管上述方法都能进一步提升 Mask R-CNN 的实例分割性能，但是也都不可避免地增加了模型参数量和浮点运算量。本书第 5 章致力于在探索更加高效的卷积结构的同时减少计算资源的耗费，以达到更加适用于多种应用场景的目的，且其提出的结构思想简单，不会增加网络复杂性且更加易于部署。

1.3 优化策略与应用场景探索

1.3.1 目标检测与实例分割算法难点分析

目标检测和实例分割算法都是多任务学习过程，其包含数据预处理、正负样本分配、特征提取、物体分类、位置回归和前背景分割等多个处理流程，每一个环节都会对模型最终的整体性能产生影响。因此，如何设计好每一个部件，并且打造高效、鲁棒的检测器十分具有挑战性。虽然现阶段基于深度学习方法的网络模型性能已经得到了长足的进步，但是在构建目标检测和实例分割系统时还有一些普遍性的技术难点问题需要研究者们进行更深层次的探索，如数据问题、小目标问题、上下文关系推理、模型复杂度高和分割边界模糊等。

1. 数据问题

作为数据驱动型的数理统计模型，深度学习模型需要在大量有差异的数据中抽象出共有特征，并且要在部署时具备"举一反三"的能力。因此，训练数据的数据量、数据质量和数据分布等多个方面都会直接影响模型的决策。首先，数据量较小会导致模型偏向于"记住"这些训练样本而不是对其具有辨识性的特征进行总结归纳，从而导致网络的过拟合问题。同时，数据的质量也至关重要。在有监督的学习过程中网络模型需要通过损失函数来对正确或者错误的判定进行奖惩，而预先设定的训练样本是人类知识的迁移，因此错误的数据信息也会传递到数字世界，影响最终的结果。其次，数据样本的分布差异也会使模型作出不公平的判断，因为样本数据量的分布差异作为一种潜在先验知识很容易被模型所学习，从而造成判别边界有偏向性地向数据样本较多的类别靠拢的问题。

2. 小目标问题

小目标物体携带的判别信息通常较少，容易淹没在嘈杂的背景噪声中，因此对小目标的检测是现在大多数检测器的"短板"。COCO 数据集将分辨率小于 32×32 的物体定义为小目标，而深度学习模型往往需要随着模型深度的增加而对输入图像的分辨率进行压缩，导致小目标的特征更加容易丢失；相对于大、中目标，小目标检测对定位任务预测到的坐标偏移敏感性更强；同时小目标往往也会面临数据样本分布不均衡的问题。以上多种问题的叠加效应使得模型对小目标的检测和分割难上加难。而真实场景中却存在着大量的小目标，比如高分辨率卫星遥感图像中的地面物体、工业检测中材料表面的微小缺陷、密集场景中的远距离目标等。

3. 上下文关系推理

在计算机视觉任务中，目标的上下文信息可以帮助网络更多地捕获到目标与周围环境之间的关系，从而可以依赖这种潜在的关系特征来突出和辨识目标本体。例如，车辆一般会在街道中出现并且通常周围会有行人，电视机会在卧室中出现且周围会有家具。而由于感受野作用范围的局限性和背景噪声的干扰，这种全局物体间的参照关系相对于物体自身的辨别特征更加难以提取。同时，目标检测和实例分割的主干网络在特征提取的过程中会获得不同阶段的多尺度特征，这些不同尺度的特征往往带有不同的语义信息，如何充分利用这些多尺度上下文信息也是近年来的一个热点研究方向。

4. 模型复杂度

在模型检测和分割精度较高时,模型的复杂度便成为了制约其进一步推广应用的主要原因。复杂多变的应用场景往往需要建立体量较大的模型,一些较轻量化的网络难以充分挖掘数据中的特征关系,难以适用于模型检测分割精度要求较高的应用场景。目前在各种计算机视觉挑战赛上排名较高的算法无一例外都具有较高的模型复杂度,如 ImageNet 分类任务中现阶段排名第一的 CoCa 算法[112],其模型参数量是 ResNet[113] 和 ShuffleNet[114]等经典网络的几十甚至几百倍。总体来说,模型的复杂度与模型的检测分割精度呈线性关系,而如何找到最佳的平衡点打破高精度、低速率的壁垒也是一个研究重点。

5. 分割边界模糊

在现实生活中很多物体的轮廓都是复杂的不规则形状,并且在一些密集场景中会存在多个物体重叠的情形,这些问题都会加大实例分割模型对物体边界的辨别难度。目前对于物体的分割任务大都是通过逐像素分类进行判别,而物体轮廓边界的像素由于处在背景和物体主体的过渡区域,往往具有语义歧义,因此模型难以获得精细的分割边界。而精确的边界轮廓判别在一些应用中至关重要,例如在医疗影像中精准的边界分割能够帮助医生对病理组织进行更好的定位,从而进行更佳的诊断分析。

1.3.2 目标检测与实例分割算法优化策略

目标检测与实例分割算法的优化是一项十分重要且具有挑战性的工作,最近研究者们也从多个层次对目标检测和实例分割中存在的问题进行了完善。按照优化途径,本节将从数据优化、参数优化和网络结构优化三个方面对优化策略进行阐述。

1. 数据优化

众所周知,大规模、高质量的数据集对深度学习模型至关重要,而制作一个标注精良的数据集往往需要耗费大量的人力物力。同时,一些特殊领域,如医疗领域和军事领域,因为涉及到病人隐私和保密内容,往往可用数据量较少。因此,对现有的数据集通过预处理进行数据增广便是一个很好的选择。数据增广的方式多种多样,常用的有随机反转、图像旋转、颜色抖动、仿射变换和随机裁切。除此之外,还有在训练阶段针对小目标所设计的复制粘贴(Copy-Pasting)和过采样(Oversampling)策略[115]。总体来说,数据增广是直接作用于输入数据来提升数据集数据量和多样性的一种手段,可以有效缓解网络训练时由于数据样本较少而产生的过拟合问题。其次,网络训练的目的是从已知的数据中获得一组模型参数来拟合未知数据分布,因此,最终训练好的可学习参数是决定模型性能的关键。而在小规模数据集上从头直接训练(Training from Scratch)会导致模型的泛化性较低。受人类知识体系建立过程的启发,在其他领域学习到的旧知识也可以帮助对新事物的理解[116],因此在大规模数据集上进行预训练(Pre-training)获取更好的初始化参数而在下游任务上进行微调也成为了一种普遍采用的训练方式。

2. 参数优化

深度学习利用损失函数来评判模型在训练时的表现,并通过优化器以反向传播形式来控制梯度的下降方向使损失函数最小化。损失函数是用来评估算法对数据集建模效果的函数,在目标检测多任务学习过程中常用交叉熵和 $L1$ 损失函数来分别完成分类和定位任务。后续也出现了许多改进的损失函数,例如针对正负样本不均衡所提出的 Focal Loss 和满足评价和训练指标一致性的 IoU Loss 系列[117-119]等。优化器是用于最小化误差函数的算法,其通过制定梯度下降的方案来改变神经网络的权重参数以减少损失。梯度下降是一种在训练机器学习模型时使用的优化算法,它基于凸函数并迭代调整网络参数以将给定函数最小化到其局部最小值。网络参数更新的过程一般为初始化参数、前向传播计算输出值、计算损失函数和反向传播利用梯度下降更新参数。常用的优化器有随机梯度下降(Stochastic Gradient Descent,SGD)[120]、标准动量优化算法(Momentum)[121]、RMSProp算法[122]、自适应动量估计(Adaptive Moment Estimation,Adam)[123]、AdaGrad[124]和 AdamW[125]等。

3. 网络结构优化

基于深度学习的端到端训练框架大都只利用了卷积层、池化层、FC 层等这些基本构成单元，但是从 AlexNet、VGG 到如今最常用的 ResNet，模型性能却有了极大的提升，这主要归功于学者们对于更加高效的网络结构的不断探索。基于候选区域的目标检测和实例分割框架主要由提取共性特征的主干网络、融合多尺度语义的特征金字塔颈部网络和任务导向的下游任务头网络组成，而对于其网络结构的优化也主要围绕这三个方面展开。其中，对于主干网络的优化主要是通过两种方式，一种是根据任务需求直接采用更加轻量化或者更强大的分类网络，如 ResNext[126]、MobileNet[127]、Vit[128] 和 Swin-Transformer[129] 等；另外一种是在主干网络中嵌入一些更加有利于下游任务的模块，如嵌入 Transformer 模块等，或者组合多个主干网络提升检测性能。对于特征金字塔颈部网络的改进主要聚焦于寻求有利于融合多尺度上下文语义的网络拓扑结构和感兴趣区域采样策略。而对于下游任务头网络，主要是通过分析不同任务间的联系和差异来设计更优的子网络，其主要手段包含以下三种：① 利用特征融合技术来促进多任务联合学习；② 构建递进式的多阶段层级训练结构；③ 利用额外的监督信息来探索更多样的语义信息。

1.3.3 目标检测与实例分割应用场景介绍

目标检测技术旨在利用计算机模拟大脑来对输入的数字化视觉图像进行自动化处理，在对图像中感兴趣的物体进行定位和分类后，辅助完成一些下游任务。现如今，目标检测技术已经与国民生活息息相关。在国防安全领域，其可以通过处理高分辨率的航天遥感图像来协助国家安全部门完成对敌监测、战场侦查和精确打击等任务，使得国防监控系统不仅可以"看得清"而且还能"辨得明"；在商业领域，其是支撑如人脸识别、行人检测、商品识别和自动驾驶等一些任务的核心技术，为日常生活带来了极大的便利；在医疗领域，其可以帮助医生进行自动化的计算机辅助检测(Computer Aided Detection，CAD)，以便高效地对病灶进行筛查和辅助诊断。除此之外，在一些特殊的应用场景中，目标检测技术也有着巨大的实用价值和商业潜力,如定制化的野外火种检测、老年人跌倒等特殊动作识别等。

实例分割任务可以视为对目标检测任务的一种扩展,其在目标检测定位和分类任务的基础之上可以进一步勾勒出不同物体的边界信息,是一种计算机对物体语义信息更深层次的理解。实例分割任务对于不同物体像素级别的语义理解使得其不仅可以完成上述目标检测任务,而且可以依赖于边界信息完成更加精细的标注任务。例如在自动驾驶过程中,车辆不仅需要准确的辨别障碍物的位置,还需要感知障碍物的几何形态以便于处理器更好地作出决断而进行避让。除此之外,其在医疗影像处理任务中也有着广泛的应用场景,在临床诊断过程中医生往往需要手动勾勒出病灶器官的边界以更精确地定位到病变部位,而且器官病灶由于组织液、肌肉隔膜等的影响往往会造成相邻器官病灶边缘界定不清晰的问题,实例分割任务可以对输入的医疗影像自动进行边界分割,从而减轻医生的工作负担。

1.4 本书使用的数据集及评估指标

本书主要研究了基于深度学习的目标检测和实例分割算法。作为数据驱动型算法,大规模可用数据集是其成功构建必不可少的基础条件。在深度学习模型的训练、验证和测试阶段都需要利用划分好的数据集作为输入对网络参数进行拟合,并对网络性能进行检验评估。

1.4.1 数据集介绍

为了充分验证所提出算法的有效性和泛化性,本书使用了多个数据集进行了 训练和测试。以下将分别介绍本书所使用的数据集。

• COCO 数据集:COCO 数据集是微软提供的一个大规模图像数据集,其全称为上下文中常见物体(Common Objects in COntext)。COCO 数据集是目标检测和实例分割任务中最权威和最常用的基准(Benchmark)数据集。除此之外，它还提供了密集姿势估计、关键点检测、全景分割和图像标题生成等多个任务的标注信息。在目标检测和实例分割任务中其提供了 80 类共 118 287 张标注过的训练集图片和 5000 张验证数据集图片来交叉验证算法的性能。同时，它还有 40 670 张标注过但不公开标签的测试图片，需要通过上传结果到服务器来在线检验算法模型的性能。

• Cityscapes 数据集：Cityscapes 数据集是奔驰公司于 2015 年发布的街景语义理解数据集。其包含来自 50 个不同城市街道场景中记录的多种立体视频序列，为实例分割任务提供了 8 类共 2975 张带有精细标注的训练图像，500 张精细标注的验证集图像和未公开标注的 1525 张测试数据集图像，所有图片的大小均为 1024 × 2048 像素。

• SBD 数据集[130]：SBD (Semantic Boundaries Dataset) 数据集是 PASCAL VOC[131]数据集的增强版本，其提供了 11 355 张带有重新标注的实例级别边界标签的图片。SBD 共有 20 个类别，被划分为了包含 5623 张图片的训练数据集和包含 5732 张图片的测试数据集。

• KINS 数据集[132]：KINS (KITTI Instance Dataset) 数据集为 KITTI 数据集创建了更加精细的实例级别的语义标注。更重要的是，其不仅对物体的可见部分进行了标注，同时还对物体的遮挡部分进行了人为的补充。KINS 由 7474 张训练图片和 7517 张测试图片组成，并且其将"Living Thing"和"vehicles"两个父类细化为了 7 个子类别。

1.4.2 评估指标介绍

对于实验结果的验证评估，本书均采用了 COCO 数据集的标准评估指标，即不同 IoU 条件下的平均精度(mean Average Precison，mAP)和不同尺寸物体的 AP 来进行衡量。其中，IoU 是指检测框和真实框之间的交并比。AP 是指在预设 IoU 条件下的分类精度。其中不同类别的 AP 可由下式计算：

$$AP = \int_0^1 P(r)\,dr \tag{1.1}$$

其中，P 表示精确度(Precision)，r 表示召回率(Recall)。精确度表示 IoU 大于阈值的预测框数量，即 TP(True Positive)占预测框的比例，其计算公式如下：

$$P = \frac{TP}{TP + FP} \tag{1.2}$$

其中，FP(False Positive)表示 IoU 小于阈值的预测框数量。召回率表示正确的预测框数量占真实框的比例，其计算公式如下：

$$r = \frac{TP}{TP + FN} \tag{1.3}$$

其中，FN(False Negative) 表示没有检测到的真实框的数量。

在 COCO 数据集的评估体系中，计算不同 IoU 条件下的 mAP 是为了更细致地界定模型在不同严厉程度的约束条件下的表现。COCO 数据集评估体系共包含三种 IoU 条件：① 以 0.05 为步长计算 0.5 至 0.95 之间 IoU 条件下的 AP 值然后取平均，这也是 COCO 数据集中最重要的评价指标。② 计算 IoU 阈值为 0.5 条件下的 AP 值，这也是 PASCAL VOC 数据集所使用的评估指标。③ 计算 IoU 阈值为 0.75 条件下的 AP 值。本书将上述三种指标分别记为 AP、AP50 和 AP75。同时，为了衡量模型对不同大小目标的检测性能，COCO 数据集将其所包含的目标以 32×32 和 96×96 像素为界划分为了小、中、大三种不同尺寸的目标，同时衡量了每一个尺寸上的精确度，分别记为 APs、APm 和 APl。

本 章 小 结

本章首先介绍了本书的研究背景与研究意义，同时阐述了目标检测和实例分割任务的研究内容；其次，分别回顾了目标检测和实例分割技术的国内外研究现状，并对这些算法对应的优化策略和应用场景进行了分析；最后，介绍了本书工作验证使用的数据集以及评估指标。

参 考 文 献

[1]   MARR D. Vision: a computational investigation into the human

representation and processing of visual information[M].Cambridge,Mass: MIT Press, 2010.

[2] LAYCOCK R, STEIN J F, CREWTHER S G. Pathways for rapid visual processing: Subcortical contributions to emotion, threat, biological relevance, and motivated behavior[J]. Frontiers in Behavioral Neuroscience, 2022, 16: 960448.

[3] CHEN W, KATO T, ZHU X H, et al. Human primary visual cortex and lateral geniculate nucleus activation during visual imagery[J]. Neuroreport, 1998, 9(16): 3669-3674.

[4] KRUGER N, JANSSEN P, KALKAN S, et al. Deep hierarchies in the primate visual cortex: What can we learn for computer vision?[J]. IEEE Transactions on Pattern Analysis and Machine Intelligence, 2013, 35(8): 1847-1871.

[5] ALOIMONOS J, WEISS I, BANDYOPADHYAY A. Active vision[J]. International journal of computer vision, 1988, 1(4): 333-356.

[6] SPILLMANN L, DRESP-LANGLEY B, TSENG C H. Beyond the classical receptive field: The effect of contextual stimuli[J]. Journal of Vision, 2015, 15(9): 7.

[7] HUA L O. CNN: A paradigm for complexity[M]. World Scientific, 1998.

[8] CHO K, VAN MERRIËNBOER B, GULCEHRE C, et al. Learning phrase representations using RNN encoder-decoder for statistical machine translation[DB/OL]. arXiv preprint arXiv:1406.1078, 2014. https://arxiv.org/abs/1406.1078.

[9] SALIMANS T, GOODFELLOW I, ZAREMBA W, et al. Improved techniques for training gans[J]. Advances in neural information processing systems, 2016, 29.

[10] KRIZHEVSKY A, SUTSKEVER I, HINTON G E. Imagenet classification with deep convolutional neural networks[J]. Advances in Neural Information Processing Systems, 2012, 25.

[11] SIMONYAN K, ZISSERMAN A. Very deep convolutional networks for

large-scale image recognition[J]. arXiv preprint arXiv:1409.1556, 2014.

[12] HE K, ZHANG X, REN S, et al. Deep residual learning for image recognition[C]//2016 IEEE Conference on Computer Vision and Pattern Recognition (CVPR). Las Vegas,NV,USA:IEEE, 2016: 770-778.

[13] REDMON J, DIVVALA S, GIRSHICK R, et al. You only look once: Unified, real-time object detection[C]//2016 IEEE Conference on Computer Vision and Pattern Recognition(CVPR).Las Vegas,NV,USA:IEEE, 2016: 779-788.

[14] GIRSHICK R. Fast R-CNN[C]//2015 IEEE International Conference on Computer Vision(ICCV).Santiago,Chile:IEEE, 2015: 1440-1448.

[15] THEEUWES J. Top-down and bottom-up control of visual selection[J]. Acta psychologica, 2010, 135(2): 77-99.

[16] BAJCSY R. Active perception[J]. Proceedings of the IEEE, 1988, 76(8): 966-1005.

[17] ALOIMONOS J. Purposive and qualitative active vision[C]// 10th International Conference on Pattern Recognition(ICPR).Atlantic Citg,NJ,USA: IEEE, 1990: 346-360.

[18] WANG D, CUI X, CHEN X, et al. Multi-view 3d reconstruction with transformers[C]//2011 IEEE/CVF International Conference on Computer Vision. Montreal,Canada:IEEE,2021: 5722-5731.

[19] LUN Z, GADELHA M, KALOGERAKIS E, et al. 3d shape reconstruction from sketches via multi-view convolutional networks[C]//2017 International Conference on 3D Vision (3DV).Qingdao,China: IEEE, 2017: 67-77.

[20] LIN T, ZHA H. Riemannian manifold learning[J]. IEEE transactions on pattern analysis and machine intelligence, 2008, 30(5): 796-809.

[21] 于成丽, 胡万里, 刘阳. 美国发布新版《国家人工智能研究与发展战略计划》[J]. 保密科学技术, 2019(9): 35-37.

[22] 曹学伟, 冯震宇. 《美国人工智能倡议》解读[J]. 军事文摘, 2019(11): 30-32.

[23] 马海涛. 美国创新与竞争法案中的区域技术中心计划解读与启示[J].

科技中国, 2022(11): 51-55.

[24] 李立睿. 人工智能视角下图书馆的服务模式重构与创新发展：基于英国《人工智能：未来决策的机遇与影响》报告的解析[J]. 图书与情报, 2017(6): 7.

[25] 王亦澎. 人工智能战略中的信息安全：美国、英国人工智能发展战略简析[J]. 保密科学技术, 2017, (11): 27-30.

[26] 徐源. 马克思"机器论片段"视域下人工智能技术的地方性治理[J]. 山东大学学报(哲学社会科学版), 2022 (5): 145-153.

[27] 王剑. 日本国立国会图书馆人工智能实验室的实践与启示[J]. 图书馆研究与工作, 2020 (10): 85.

[28] 刘姣姣, 黄膺旭, 徐晓林. 日本人工智能战略：机构, 路线及生态系统[J]. 科技管理研究, 2020, 40(12): 39-45.

[29] 李贺南, 陈奕彤, 宋微. 2020 年韩国人工智能国家战略[J]. 全球科技经济瞭望, 2020, 35(4): 21-26.

[30] 国务院. 新一代人工智能发展规划[S]. 中华人民共和国国务院公报, 2017(22): 7-21.

[31] ZHANG D, MISHRA S, BRYNJOLFSSON E, et al. The AI index 2021 annual report[DB/OL]. arXiv preprint arXiv:2103.06312, 2021. https://arxiv.org/abs/2013.06312.

[32] 国家标准化委员会, 中央网信办, 国家发展改革委, 等. 国家新一代人工智能标准体系建设指南[S]. 智能制造, 2020(9): 10-16.

[33] HUBEL D H, WIESEL T N. Receptive fields of single neurones in the cat's striate cortex[J]. The Journal of physiology, 1959, 148(3): 574-591.

[34] FUKUSHIMA K. Neocognitron: A self-organizing neural network model for a mechanism of pattern recognition unaffected by shift in position[J]. Biological cybernetics, 1980, 36(4): 193-202.

[35] LECUN Y, BOSER B, DENKER J, et al. Handwritten digit recognition with a back-propagation network[J]. Advances in neural information processing systems, 1989, 2.

[36] LECUN Y, BOTTOU L, BENGIO Y, et al. Gradient-based learning

applied to document recognition[J]. Proceedings of the IEEE, 1998, 86(11): 2278-2324.

[37] EVERINGHAM M, ZISSERMAN A, WILLIAMS C K I, et al. The 2005 pascal visual object classes challenge[C]//Proceedings of the First PASCAL Machine Learning Challenges Workshop. Southampton, UK: Springer, 2006: 117-176.

[38] HINTON G E, SALAKHUTDINOV R R. Reducing the dimensionality of data with neural networks[J]. Science, 2006, 313(5786): 504-507.

[39] DENG J, DONG W, SOCHER R, et al. Imagenet: A large-scale hierarchical image database[C]//2009 IEEE Conference on Computer Vision and Pattern Recognition(CVPR). Miami,FL,USA: IEEE, 2009: 248-255.

[40] LIN T Y, MAIRE M, BELONGIE S, et al. Microsoft COCO: Common objects in context[C]//Proceedings of the 13th European Conference On Computer Vision Zurich, Switzerland : Springer, 2014: 740-755.

[41] GEIGER A, LENZ P, URTASUN R. Are we ready for autonomous driving? The kitti vision benchmark suite[C]//2012 IEEE Conference on Computer Vision and Pattern Recognition(CVPR).Providence,RI,USA: IEEE, 2012: 3354-3361.

[42] CORDTS M, OMRAN M, RAMOS S, et al. The cityscapes dataset for semantic urban scene understanding[C]//2016 IEEE Conference on Computer Vision and Pattern Recognition (CVPR). Las Vegas，NV,USA:IEEE, 2016: 3213-3223.

[43] VIOLA P, JONES M. Rapid object detection using a boosted cascade of simple features[C]//Proceedings of the 2001 IEEE Computer Society Conference on Computer Vision and Pattern Recognition (CVPR 2001). Kauai，HI,USA:IEEE, 2001, 1: 511-518.

[44] DALAL N, TRIGGS B. Histograms of oriented gradients for human detection[C]//2005 IEEE Computer Society Conference on Computer Vision and Pattern Recognition (CVPR 2005).San Diego,CA,USA:IEEE,

2005, 1: 886-893.

[45] GIRSHICK R, DONAHUE J, DARRELL T, et al. Rich feature hierarchies for accurate object detection and semantic segmentation[C]//2014 IEEE Conference on Computer Vision and Pattern Recognition.Columbus,OH,USA:IEEE, 2014: 580-587.

[46] BAY H, TUYTELAARS T, VAN GOOL L. Surf: Speeded up robust features[C]//Proceedings of the 9th European Conference on Computer Vision (ECCV 2006). Graz, Austria:Springer Berlin Heidelberg, 2006: 404-417.

[47] LOWE D G. Object recognition from local scale-invariant features [C]//Proceedings of the 7th IEEE International Conference on Computer Vision(ICCV 1999).Corfu Greece:IEEE, 1999, 2: 1150-1157.

[48] OJALA T, PIETIKAINEN M, HARWOOD D. Performance evaluation of texture measures with classification based on Kullback discrimination of distributions[C]//Proceedings of 12th International Conference on Pattern Recognition.Jerusalem,Israel: IEEE, 1994, 1: 582-585.

[49] CORTES C, VAPNIK V. Support-vector networks[J]. Machine Learning, 1995, 20: 273-297.

[50] FREUND Y, SCHAPIRE R E. A decision-theoretic generalization of on-line learning and an application to boosting[J]. Journal of Computer and System Sciences, 1997, 55(1): 119-139.

[51] CHEN T, HE T, BENESTY M, et al. Xgboost: Extreme gradient boosting[J]. R package version 0.4-2, 2015, 1(4): 1-4.

[52] FELZENSZWALB P F, Girshick R B, MCALLESTER D, et al. Object detection with discriminatively trained part-based models[J]. IEEE Transactions on Pattern Analysis and Machine Intelligence, 2009, 32(9): 1627-1645.

[53] REDMON J, FARHADI A. YOLO9000: better, faster, stronger [C]//2017 IEEE Conference on Computer Vision and Pattern Recognition.Honolulu,HI,USA:IEEE,2017: 7263-7271.

[54]　REDMON J, FARHADI A. Yolov3: An incremental improvement[DB/OL]. arXiv preprint arXiv:1804.02767, 2018.https://arxiv.org/abs/1804.02767.

[55]　BOCHKOVSKIY A, WANG C Y, LIAO H Y M. Yolov4: Optimal speed and accuracy of object detection[DB/OL]. arXiv preprint arXiv:2004.10934, 2020.https://arxiv.org/abs/2004.10934.

[56]　JOCHER G, STOKEN A, BOROVEC J, et al. ultralytics/yolov5: v5. 0-YOLOv5-P6 1280 models, AWS, Supervise. ly and YouTube integrations[J]. Zenodo, 2021.

[57]　LI C, LI L, JIANG H, et al. YOLOv6: A single-stage object detection framework for industrial applications[DB/OL].arXiv preprint arXiv:2209.02976, 2022. https://arxiv.org/abs/2209.02976.

[58]　WANG C Y, BOCHKOVSKIY A, LIAO H Y M. YOLOv7: Trainable bag-of-freebies sets new state-of-the-art for real-time object detectors[C]//Proceedings of the IEEE/CVF Conference on Computer Vision and Pattern Recognition.Vancouver,Canada:IEEE, 2023: 7464-7475.

[59]　LIU W, ANGUELOV D, ERHAN D, et al. Ssd: Single shot multibox detector[C]//Proceedings of the 14th European Conference on Computer Vision. Amsterdam, The Netherlands:Springer, 2016: 21-37.

[60]　ZHENG W, TANG W, JIANG L, et al. SE-SSD: Self-ensembling single-stage object detector from point cloud[C]//Proceedings of the IEEE/CVF Conference on Computer Vision and Pattern Recognition. Nashville,TN,USA:IEEE,2021: 14494-14503.

[61]　WOMG A, SHAFIEE M J, LI F, et al. Tiny SSD: A tiny single-shot detection deep convolutional neural network for real-time embedded object detection[C]//Proceedings of the 15th Conference on Computer and Robot Vision (CRV).Toronto,Canada: IEEE, 2018: 95-101.

[62]　LIN T Y, GOYAL P, GIRSHICK R, et al. Focal loss for dense object detection[C]//Proceedings of the IEEE International Conference on Computer Vision.Venice,Italy:IEEE, 2017: 2980-2988.

[63]　HE K, ZHANG X, REN S, et al. Spatial pyramid pooling in deep

convolutional networks for visual recognition[J]. IEEE Transactions on Pattern Analysis and Machine Intelligence, 2015, 37(9): 1904-1916.

[64]　REN S, HE K, GIRSHICK R, et al. Faster R-CNN: Towards real-time object detection with region proposal networks[J]. Advances in Neural Information Processing Systems, 2015, 28.

[65]　LIN T Y, DOLLÁR P, GIRSHICK R, et al. Feature pyramid networks for object detection[C]//Proceedings of the IEEE Conference on Computer Vision and Pattern Recognition.Honolulu,HI,USA:IEEE, 2017: 2117-2125.

[66]　WU Y, CHEN Y, YUAN L, et al. Rethinking classification and localization for object detection[C]//Proceedings of the IEEE/CVF Conference on Computer Vision and Pattern Recognition.Seattle,WA,USA:IEEE, 2020: 10186-10195.

[67]　CAI Z, VASCONCELOS N. Cascade r-cnn: Delving into high quality object detection[C]//Proceedings of the IEEE Conference on Computer Vision and Pattern Recognition. Salt Lake City,UT,USA:IEEE, 2018: 6154-6162.

[68]　PANG J, CHEN K, SHI J, et al. Libra R-CNN: Towards balanced learning for object detection[C]//Proceedings of the IEEE/CVF Conference on Computer Vision and Pattern Recognition. Long Beach,CA,USA:IEEE, 2019: 821-830.

[69]　QIAO S, CHEN L C, YUILLE A. Detectors: Detecting objects with recursive feature pyramid and switchable atrous convolution[C]//Proceedings of the IEEE/CVF Conference on Computer Vision and Pattern Recognition. Nashville,TN,USA:IEEE, 2021: 10213-10224.

[70]　WANG J, CHEN K, YANG S, et al. Region proposal by guided anchoring[C]//Proceedings of the IEEE/CVF Conference on Computer Vision and Pattern Recognition. Long Beach, CA, USA:IEEE, 2019: 2965-2974.

[71]　GUO C, FAN B, ZHANG Q, et al. Augfpn: Improving multi-scale feature learning for object detection[C]//Proceedings of the IEEE/CVF Conference on Computer Vision and Pattern Recognition. Seattle,WA,USA:IEEE,

2020: 12595-12604.

[72]   WANG T, ZHANG X, SUN J. Implicit feature pyramid network for object detection[DB/OL]. arXiv preprint arXiv: 2012.13563, 2020.https://arxiv.org/abs/2012.13563.

[73]   CHEN P Y, CHANG M C, HSIEH J W, et al. Parallel residual bi-fusion feature pyramid network for accurate single-shot object detection[J]. IEEE Transactions on Image Processing, 2021, 30: 9099-9111.

[74]   ZHU M. Dynamic feature pyramid networks for object detection[C]//Fifteenth International Conference on Signal Processing Systems (ICSPS 2023). SPIE, 2024, 13091: 503-511.

[75]   GONG Y, YU X, DING Y, et al. Effective fusion factor in FPN for tiny object detection[C]//Proceedings of the IEEE/CVF Winter Conference on Applications of Computer Vision.Waikoloa,HI,USA:IEEE/CVF, 2021: 1160-1168.

[76]   TAN M, PANG R, LE Q V. Efficientdet: Scalable and efficient object detection[C]//Proceedings of the IEEE/CVF Conference on Computer Vision and Pattern Recognition.Seattle,WA,USA:IEEE/CVF, 2020: 10781-10790.

[77]   GONG Y, YU X, DING Y, et al. Effective fusion factor in FPN for tiny object detection[C]//Proceedings of the IEEE/CVF Winter Conference on Applications of Computer Vision. Waikoloa,HI,USA:IEEE/CVF, 2021: 1160-1168.

[78]   LAW H, DENG J. Cornernet: Detecting objects as paired keypoints [C]//Proceedings of the European Conference on Computer Vision (ECCV).Munich,Germany:Springer, 2018: 734-750.

[79]   NEWELL A, YANG K, DENG J. Stacked hourglass networks for human pose estimation[C]//Proceedings of the 14th European Conference on Computer Vision.Amsterdam, The Netherlands: Springer, 2016: 483-499.

[80]   ZHOU X, ZHUO J, KRAHENBUHL P. Bottom-up object detection by grouping extreme and center points[C]//Proceedings of the IEEE/CVF Conference on Computer Vision and Pattern Recognition. Long Beach, CA,

USA:IEEE/CVF, 2019: 850-859.

[81] ZHOU X, WANG D, KRÄHENBÜHL P. Objects as points[DB/OL]. arXiv preprint arXiv:1904.07850, 2019. https://arxiv.org/abs/1904.07850.

[82] YANG Z, LIU S, HU H, et al. Reppoints: Point set representation for object detection[C]//Proceedings of the IEEE/CVF International Conference on Computer Vision.Seoul,South Korea:IEEE/CVF, 2019: 9657-9666.

[83] DONG Z, LI G, LIAO Y, et al. Centripetalnet: Pursuing high-quality keypoint pairs for object detection[C]//Proceedings of the IEEE/CVF Conference on Computer Vision and Pattern Recognition.Seattle.WA,USA:IEEE/CVF 2020: 10519-10528.

[84] TIAN Z, SHEN C, CHEN H, et al. Fcos: Fully convolutional one-stage object detection[C]//Proceedings of the IEEE/CVF International Conference on Computer Vision. Seoul, South Korea IEEE.CVF, 2019: 9627-9636.

[85] DUAN K, XIE L, QI H, et al. Corner proposal network for anchor-free, two-stage object detection[C]//Proceedings of the 16th European Conference on Computer Vision. Glasgow, UK:Springer, 2020: 399-416.

[86] DUAN K, XIE L, QI H, et al. Location-sensitive visual recognition with cross-iou loss[DB/OL]. arXiv preprint arXiv:2104.04899, 2021.https://arxiv.org/abs/2104.04899.

[87] ZAND M, ETEMAD A, GREENSPAN M. Objectbox: From centers to boxes for anchor-free object detection[C]//Proceedings of the 17th European Conference on Computer Vision. Tel Aviv, Israel: Springer, 2022: 390-406.

[88] CASTREJON L, KUNDU K, URTASUN R, et al. Annotating object instances with a polygon-rnn[C]//Proceedings of the IEEE Conference on Computer Vision and Pattern Recognition.Honolulu,HI,USA:IEEE, 2017: 5230-5238.

[89] ACUNA D, LING H, KAR A, et al. Efficient interactive annotation of segmentation datasets with polygon-rnn++[C]//Proceedings of the IEEE Conference on Computer Vision and Pattern Recognition.Salt Lake

City,UT,USA:IEEE, 2018: 859-868.

[90]　LING H, GAO J, KAR A, et al. Fast interactive object annotation with curve-gcn[C]//Proceedings of the IEEE/CVF Conference on Computer Vision and Pattern Recognition. Long Beach,CA,USA:IEEE, 2019: 5257-5266.

[91]　XIE E, SUN P, SONG X, et al. Polarmask: Single shot instance segmentation with polar representation[C]//Proceedings of the IEEE/CVF Conference on Computer Vision and Pattern Recognition.Seattle,WA,USA:IEEE, 2020: 12193-12202.

[92]　XIE E, WANG W, DING M, et al. Polarmask++: Enhanced polar representation for single-shot instance segmentation and beyond[J]. IEEE Transactions on Pattern Analysis and Machine Intelligence, 2021, 44(9): 5385-5400.

[93]　PENG S, JIANG W, PI H, et al. Deep snake for real-time instance segmentation[C]//Proceedings of the IEEE/CVF Conference on Computer Vision and Pattern Recognition.Seattle,WA,USA:IEEE, 2020: 8533-8542.

[94]　ZHANG T, WEI S, JI S. E2ec: An end-to-end contour-based method for high-quality high-speed instance segmentation[C]//Proceedings of the IEEE/CVF Conference on Computer Vision and Pattern Recognition. New Orleans,LA,USA:IEEE,2022: 4443-4452.

[95]　BOLYA D, ZHOU C, XIAO F, et al. Yolact: Real-time instance segmentation[C]//Proceedings of the IEEE/CVF International Conference on Computer Vision.Seoul,South Korea:IEEE, 2019: 9157-9166.

[96]　BOLYA D, ZHOU C, XIAO F, et al. YOLACT++ Better Real-Time Instance Segmentation[J]. IEEE Transactions on Pattern Analysis and Machine Intelligence, 2022, 44(2):1108-1121.

[97]　CHEN X, GIRSHICK R, HE K, et al. Tensormask: A foundation for dense object segmentation[C]//Proceedings of the IEEE/CVF International Conference on Computer Vision. Seoul,South Korea:IEEE, 2019: 2061-2069.

[98]　CHEN H, SUN K, TIAN Z, et al. Blendmask: Top-down meets bottom-up

for instance segmentation[C]//Proceedings of the IEEE/CVF Conference on Computer Vision and Pattern Recognition. Seattle,WA,USA:IEEE, 2020: 8573-8581.

[99]　HE K, GKIOXARI G, DOLLÁR P, et al. Mask r-cnn[C]//Proceedings of the IEEE International Conference on Computer Vision.Venice,Italy:IEEE, 2017: 2961-2969.

[100]　LEE Y,PARK J. Centermask: Real-time anchor-free instance segmentation [C]//Proceedings of the IEEE/CVF Conference on Computer Vision and Pattern Recognition. Seattle,WA,USA:IEEE, 2020: 13906-13915.

[101]　WANG X, KONG T, SHEN C, et al. Solo: Segmenting objects by locations[C]//Proceedings of the 16th European Conference on Computer Vision. Glasgow, UK:Springer, 2020: 649-665.

[102]　TIAN Z, ZHANG B, CHEN H, et al. Instance and panoptic segmentation using conditional convolutions[J]. IEEE Transactions on Pattern Analysis and Machine Intelligence, 2022, 45(1): 669-680.

[103]　CHENG T, WANG X, CHEN S, et al. Sparse instance activation for real-time instance segmentation[C]//Proceedings of the IEEE/CVF Conference on Computer Vision and Pattern Recognition. New Orleans, LA,USA:IEEE, 2022: 4433-4442.

[104]　HUANG Z, HUANG L, Gong Y, et al. Mask scoring r-cnn[C]//Proceedings of the IEEE/CVF Conference on Computer Vision and Pattern Recognition. Long Beach,CA,USA:IEEE, 2019: 6409-6418.

[105]　LIU S, QI L, QIN H, et al. Path aggregation network for instance segmentation[C]//Proceedings of the IEEE Conference on Computer Vision and Pattern Recognition. Salt Lake City,UT,USA:IEEE, 2018: 8759-8768.

[106]　CHENG T, WANG X, HUANG L, et al. Boundary-preserving mask r-cnn[C]//Proceedirgs of the 16th European Conference on Computer Vision. Glasgow, UK: Springer, 2020: 660-676.

[107]　KIRILLOV A, WU Y, HE K, et al. Pointrend: Image segmentation as

rendering[C]//Proceedings of the IEEE/CVF Conference on Computer Vision and Pattern Recognition.Seattle,WA,USA:IEEE, 2020: 9799-9808.

[108] ZHANG G, LU X, TAN J, et al. Refinemask: Towards high-quality instance segmentation with fine-grained features[C]//Proceedings of the IEEE/CVF Conference on Computer Vision and Pattern Recognition. Nashville,TN,USA:IEEE, 2021: 6861-6869.

[109] KE L, DANELLJAN M, LI X, et al. Mask transfiner for high-quality instance segmentation[C]//Proceedings of the IEEE/CVF Conference on Computer Vision and Pattern Recognition.New Orleans,LA,USA:IEEE, 2022: 4412-4421.

[110] VASWANI A, SHAZEER N, PARMAR N, et al. Attention is all you need[J]. Advances in Neural Information Processing Systems, 2017, 30.

[111] KE L, TAI Y W, TANG C K. Deep occlusion-aware instance segmentation with overlapping bilayers[C]//Proceedings of the IEEE/CVF Conference on Computer Vision and Pattern Recognition. Nashville, TN, USA:IEEE, 2021: 4019-4028.

[112] YU J, WANG Z, VASUDEVAN V, et al. Coca: Contrastive captioners are image-test foundation models [DB/OL].arXiv preprint arXiv:2205.01917,2022.https://arxiv.org/abs/2205.01917.

[113] HE K, ZHANG X, REN S, et al. Deep residual learning for image recognition[C]//Proceedings of the IEEE Conference on Computer Vision and Pattern Recognition.Las Vegas,NV,USA:IEEE,2016: 770-778.

[114] ZHANG X, ZHOU X, LIN M, et al. Shufflenet: An extremely efficient convolutional neural network for mobile devices[C]//Proceedings of the IEEE Conference on Computer Vision and Pattern Recognition.Salt Lake City,UT,USA:IEEE, 2018: 6848-6856.

[115] KISANTAL M, WOJNA Z, MURAWSKI J, et al. Augmentation for small object detection[DB/OL]. arXiv preprint arXiv:1902.07296, 2019. https://arxiv.org/abs/1902.07296.

[116] HENDRYCKS D, LEE K, MAZEIKA M. Using pre-training can

improve model robustness and uncertainty[C]//International Conference on Machine Learning. PMLR, 2019: 2712-2721.

[117] ZHOU D, FANG J, SONG X, et al. Iou loss for 2d/3d object detection[C]//2019 International Conference on 3D Vision (3DV). Quebec City,Canada: IEEE, 2019: 85-94.

[118] ZHENG Z, WANG P, LIU W, et al. Distance-IoU loss: Faster and better learning for bounding box regression[C]//Proceedings of the AAAI Conference on Artificial Intelligence. 2020, 34(07): 12993-13000.

[119] DUAN K, XIE L, QI H, et al. Location-sensitive visual recognition with cross-iou loss[DB/OL]. arXiv preprint arXiv:2104.04899, 2021. https//arxiv.org/abs/2104.04899.

[120] AMARI S. Backpropagation and stochastic gradient descent method[J]. Neurocomputing, 1993, 5(4-5): 185-196.

[121] NAKERST G, BRENNAN J, HAQUE M. Gradient descent with momentum—to accelerate or to super-accelerate?[DB/OL]. arXiv preprint arXiv:2001.06472, 2020.https://arxiv.org/abs/2001.06472.

[122] TIELEMAN T, HINTON G. Lecture 6.5-rmsprop: Divide the gradient by a running average of its recent magnitude[J]. COURSERA: Neural Networks for Machine Learning, 2012, 4(2): 26-31.

[123] KINGMA D P, BA J. Adam: A method for stochastic ptimization[DB/OL]. arXiv preprintarXiv:1412.6980,2014. https://arxiv.org/abs/1412.6980.

[124] DUCHI J, HAZAN E, SINGER Y. Adaptive subgradient methods for online learning and stochastic optimization[J]. Journal of Machine Learning Research, 2011, 12(7):257-269.

[125] LOSHCHILOV I, HUTTER F. Decoupled weight decay regularization[DB/OL]. arXiv preprint arXiv:1711.05101, 2017.https://arxiv.org/abs/1711.05101.

[126] XIE S, GIRSHICK R, DOLLÁR P, et al. Aggregated residual transformations for deep neural networks[C]//Proceedings of the IEEE Cnference on Cmputer Vsion and Pttern Rcognition.Honolulu,HI,USA:IEEE, 2017:1492-1500.

[127]　HOWARD A G, ZHU M, CHEN B, et al. Mobilenets: Efficient convolutional neural networks for mobile vision applications[DB/OL]. arXiv preprint arXiv:1704.04861, 2017. https://arxiv.org/abs/1704.04861.

[128]　DOSOVITSKIY A, BEYER L, KOLESNIKOV A, et al. An image is worth 16x16 words: Transformers for image recognition at scale[DB/OL]. arXiv preprint arXiv:2010.11929, 2020.https://arxiv.org/abs/2010.11929.

[129]　LIU Z, LIN Y, CAO Y, et al. Swin transformer: Hierarchical vision transformer using shifted windows[C]//Proceedings of the IEEE/CVF Iternational Cnference on Cmputer Vsion. Virtual Event:IEEE,2021: 10012-10022.

[130]　HARIHARAN B, ARBELÁEZ P, BOURDEV L, et al. Semantic contours from inverse detectors[C]//2011 International Conference on Computer Vision. IEEE, 2011: 991-998.

[131]　EVERINGHAM M, VAN GOOL L, Williams C K I, et al. The pascal visual object classes (voc) challenge[J]. International Journal of Computer Vision, 2010, 88: 303-338.

[132]　QI L, JIANG L, LIU S, et al. Amodal instance segmentation with kins dataset[C]//Proceedings of the IEEE/CVF Conference on Computer Vision and Pattern Recognition.Long Beach,CA,USA:IEEE, 2019: 3014-3023.

第 2 章　深度学习基础

本章将详细介绍深度学习的基础知识，重点讲解卷积神经网络(CNN)的基本结构、功能及典型架构，同时探讨了深度学习中的优化算法、正则化技术和损失函数设计。此外，本章还将介绍几个常用的深度学习框架与工具，如 TensorFlow、Keras 和 Pytorch，以及一个专门用于目标检测的 MMDetection 库。这些内容对于理解深度学习的核心原理和构建高效的深度学习模型至关重要。

2.1　卷积神经网络

卷积神经网络(CNN)是一类包含卷积运算且具有深度结构的前馈神经网络(Feedforward Neural Networks)，其受生物自然视觉认知机制启发而来，是深度学习的代表算法之一。卷积网络是专门用于处理具有已知网格状拓扑结构数据的神经网络。例如，时间序列数据可以被认为是按规则时间间隔采样的一维网格，而图像数据可以被认为是由像素组成的二维网格。现在，CNN 已经成为众多科学领域的研究热点之一，特别是在计算机视觉领域，由于该网络避免了对图像的复杂前期预处理，可以直接输入原始图像，因而得到了更为广泛的应用，如图像分类、目标检测、语义分割和实例分割等。

2.1.1　CNN 的基本结构

CNN 的基本结构大致包括输入层、卷积层、池化层、全连接层、输出层等，如图 2.1 所示。

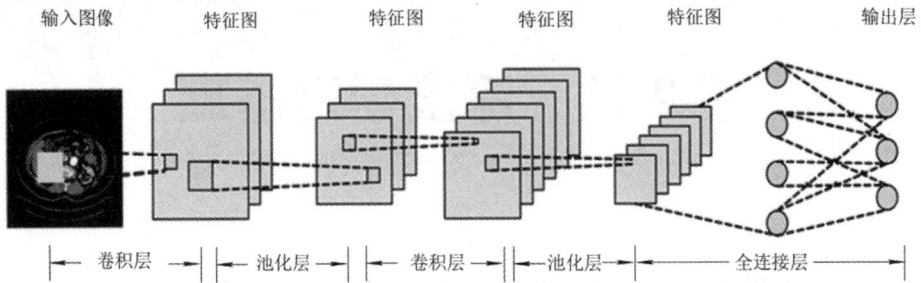

图 2.1   卷积神经网络基本结构图

1. 输入层(Input Layer)

输入层负责接收原始图像数据。对于彩色图像，通常有红、绿、蓝(RGB)三个颜色通道，因此输入层会有三个维度：高度、宽度和深度(颜色通道数)。

2. 卷积层(Convolutional Layer)

卷积层是 CNN 的核心部分，它通过卷积运算来提取输入数据的特征。每个卷积层包含多个卷积核(也称为滤波器或特征检测器)，这些卷积核会在输入数据上滑动并执行点积运算以生成特征图。卷积核的参数(权重和偏置)是通过训练学习得到的，其通常还包括激活函数(如 ReLU)，用于引入非线性映射。

3. 池化层(Pooling Layer)

池化层通常跟在卷积层之后，用于降低特征图的维度(空间尺寸)，减少网络中的参数数量，同时保持特征的空间层次结构。常见的池化操作包括最大池化(Max Pooling)和平均池化(Average Pooling)。

4. 全连接层(Fully-Connected Layer)

在多个卷积和池化层之后，通常会有一到两个全连接层。这些层中的每个神经元都与前一层的所有神经元相连。全连接层通常用于对卷积层和池化层提取的特征进行分类或回归。

5. 输出层(Output Layer)

输出层是神经网络的最后一层，它负责输出模型的预测结果。对于分类任务，输出层通常使用 softmax 函数来产生概率分布；对于回归任务，输出层通常使用线性激活函数来直接输出预测值。

除了上述基本结构外，CNN 还可能包括一些其他组件，如批量归一化
(Batch Normalization)、丢弃层(Dropout Layer)等，用于提高模型的训练效果
和泛化能力。

2.1.2　卷积层的原理与应用

在卷积网络术语中，卷积的第一个参数 x 通常被称为输入，第二个参数
w 被称为核。输出有时被称为特征映射。

在机器学习应用中，数据通常以多维数组形式进行存储，习惯上将这
些多维数组称为张量。假设以一个二维图像 I 作为输入，二维卷积核为 K，
则卷积操作可以表示为

$$S(i,j) = (I * K)(i,j) = \sum_m \sum_n I(m,n)K(i-m, j-n) \tag{2.1}$$

卷积是可交换的，这意味着可以等价地写为下式:

$$S(i,j) = (K * I)(i,j) = \sum_m \sum_n I(i-m, j-n)K(m,n) \tag{2.2}$$

其中，m 和 n 分别为卷积输入和输出的通道数。因为 m 和 n 的有效值范围
变化较小，所以通常式(2.2)在机器学习库中更容易实现。卷积交换性的本质
是将核函数相对于输入进行了翻转。虽然交换性在数学证明时很有用，但
它通常不是神经网络实现的重要性质。相反，许多神经网络主要利用了一
个相关的函数，称为交叉相关，它与卷积相同，但没有翻转内核，如公式(2.3)
所示。

$$S(i,j) = (I * K)(i,j) = \sum_m \sum_n I(i+m, j+n)K(m,n) \tag{2.3}$$

在机器学习中，通常将涉及核翻转的关联操作统称为"卷积"。机器
学习算法会学习适合数据特征的核值，其中基于核翻转的卷积算法会学习
到翻转后的核。然而，卷积操作在机器学习模型中很少单独使用，而是与
其他函数结合，这些函数的组合方式并不受卷积核是否翻转的影响。卷积
利用了三个可以帮助改进机器学习系统的重要思想：稀疏交互(Sparse

Interactions)、 参 数 共 享 (Parameter Sharing) 和 等 变 表 示 (Equivariant Representations)。

1. 稀疏交互

传统的神经网络层使用矩阵乘以一个参数矩阵，其中一个单独的参数描述每个输入单元和每个输出单元之间的相互作用。然而，卷积网络通常具有稀疏交互(也称为稀疏连通性或稀疏权重)，如图 2.2 所示，其可以通过设置内核小于输入实现。例如，在处理图像时，输入图像可能有数千或数百万像素，但 CNN 可以检测到小而有意义的特征，例如仅占数十或数百像素的核的边缘。而通过使用稀疏交互的思想可以实现更高效的计算，并降低参数的数量。假设有 m 个输入和 n 个输出，则矩阵乘法需要 $m \times n$ 个参数，并且实际使用算法的运行时间为 $O(m \times n)$。如果将每个输出的连接数限制为 k，那么稀疏连接方法只需要 $k \times n$ 个参数和 $O(k \times n)$ 的运行时间。对于许多实际应用，在保持 k 比 m 小几个数量级的情况下，就可以在机器学习任务上获得良好的性能。

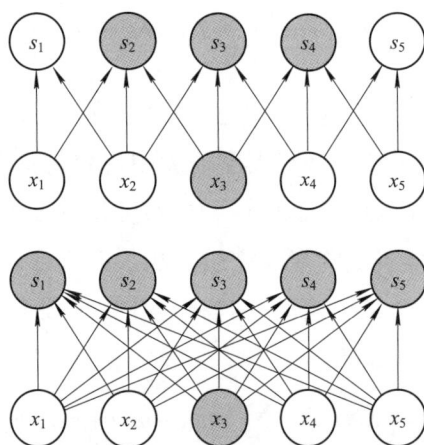

图 2.2   稀疏连通性图

从图 2.2 可以看出，突出显示了一个输入单元 x_3，并突出显示了 s 中受此单元影响的输出单元；当与宽度为 3 的核进行卷积形成 s_3 时，只有三个输出单元受到了 x_3 的影响(图 2.2 上半部分)，而当使用矩阵乘法形成 s_3 时，则不具有连通稀疏性,所有的输出单元都受到了 x_3 的影响(图 2.2 下半部分)。

在图 2.3 中，突出显示了一个输出单元 s_3，并突出显示了 x 中影响该单元的输入单元。这些单位被称为 s_3 的接受野。当 s_3 由宽度为 3 的核卷积形成时，只有三个输入单元影响 s_3(图 2.3 上半部分)；当 s_3 由矩阵乘法形成时，则不具有连通稀疏性，所有的输入单元都会影响 s_3(图 2.3 下半部分)。

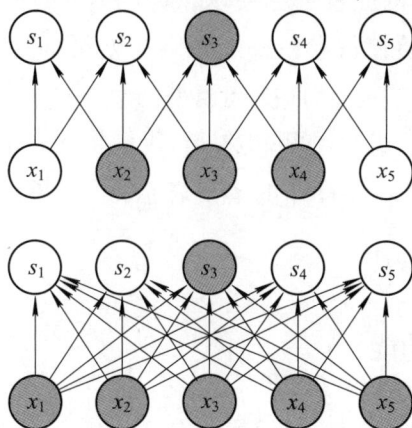

图 2.3　稀疏连接图

2. 参数共享

参数共享是指对模型中的多个函数使用相同的参数。在传统的神经网络中，权重矩阵的每个元素在计算一层的输出时只使用一次。它首先乘以输入中的一个元素，然后永远不会被重新访问。如图 2.4 所示，卷积操作所使用的参数共享意味着我们不是为每个位置学习一组单独的参数，而是学习一套共享参数；并且，这并不影响前向传播的运行时间，在内存需求和统计效率方面，卷积比密集矩阵乘法更加高效。

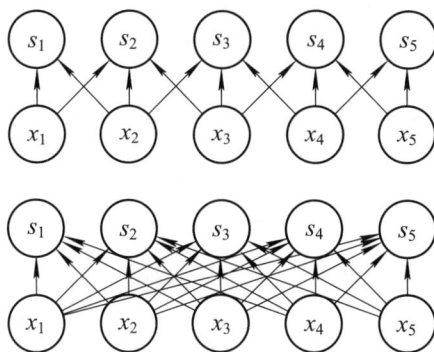

图 2.4　参数共享

3. 等变表示

卷积操作中的等变表示，是指通过卷积核在输入数据上的滑动和运算，网络能够学习到一种表示方式，使得当输入数据发生某种变换(如平移、旋转等)时，输出的特征表示也会以相同的方式变换，但表示的本质内容保持不变。这种性质使得卷积神经网络在处理具有空间变换性的数据时，能够保持特征的稳定性，从而提高模型的鲁棒性和泛化能力。假设有一个用于识别手写数字的卷积神经网络，当我们将输入的手写数字图像向右平移几个像素时，由于卷积操作的等变表示特性，网络仍然能够识别出这个数字。

2.1.3　池化层的功能

池化层具有减轻卷积层对位置和空间下采样表示敏感性的双重目的。与卷积层一样，池化操作符由一个固定形状的窗口组成，该窗口根据其步幅设定逐步滑动过输入中的所有区域，并为固定形状窗口遍历的每个位置计算单个输出。然而，与卷积层中输入和核的互相关计算不同，池化层不包含参数，相反，池操作符是确定的，通常计算池窗口中元素的最大值或平均值。这些操作分别称为最大池化(简称 max 池化)和平均池化。

在这两种情况下，与相互关联算子一样，可将池化窗口视为从输入张量的左上角开始，从左到右、从上到下在输入张量上滑动。在池化窗口到达的每个位置，它计算窗口中输入子张量的最大或平均值，这取决于使用的是最大池化还是平均池化。图 2.5 是池化窗口形状为 2×2 的最大池化。阴影部分是第一个输出元素以及用于输出计算的输入张量元素：$\max(0,1,3,4)=4$。

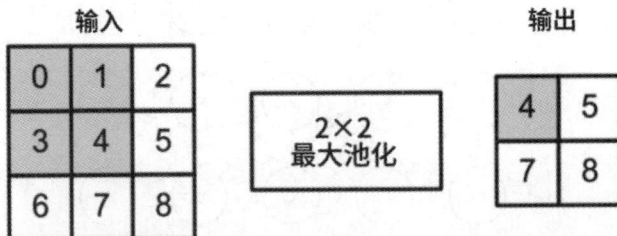

图 2.5　池化窗口形状为 2×2 的最大池化

池化层通过减少数据的空间维度(通常是宽度和高度)来减小特征图(Feature Maps)的尺寸，从而减少参数的数量和计算量，同时增加特征的平移不变性。这意味着即使物体在输入图像中的位置发生微小的偏移，网络仍然能够识别出相同的特征。同时，因为池化操作通常涉及到对特征图的局部区域进行聚合，这将提取更加通用和鲁棒的特征，并且由于减小了特征图的尺寸，池化层也可以减小网络的复杂度，从而降低过拟合的风险。

2.1.4　全连接层与分类层

1. 全连接层

全连接层(Fully Connected，FC)是 CNN 中的一种标准神经网络层，也称为稠密层(Dense Layer)。在 CNN 中，全连接层通常位于网络的末端，卷积层和池化层提取的二维特征首先会被展平(Flatten)成一维向量，然后输入到全连接层中。全连接层负责将卷积层和池化层提取的局部特征进行整合，形成全局特征，同时学习输入特征与输出之间的复杂映射关系，将特征转换为最终的分类结果。总的来说，全连接层在整个卷积神经网络中起到"分类器"的作用。如果说卷积层、池化层和激活函数层等操作是将原始数据映射到隐层特征空间，全连接层则起到将学到的"分布式特征表示"映射到样本标记空间的作用。在实际使用中，全连接层可由卷积操作实现：前一层是全连接层的全连接层可以转化为卷积核为 1×1 的卷积；而前一层是卷积层的全连接层可以转化为卷积核为 $H \times W$ 的全局卷积，H 和 W 分别为前一层卷积结果的高和宽。

目前由于全连接层参数冗余(一些网络中仅全连接层参数就可占整个网络参数的 80%左右)，一些性能优异的网络模型如 ResNet[1]和 GoogLeNet[2]等均用全局平均池化(Global Average Pooling，GAP)取代 FC 来融合学到的深度特征，最后用交叉熵等损失函数作为网络目标函数来指导学习过程。

2. 分类层

分类层是 CNN 中用于最终分类决策的层。它通常是一个带有 softmax 激活函数的全连接层。分类层的功能如下：

1) 输出类别概率

分类层的输出是每个类别的预测概率，这使得模型能够为每个输入样本分配一个最可能的类别。

2) 进行多类别分类

softmax 函数能够处理多类别分类问题，它将分类层的输出转换为概率分布，每个类别的概率值非负且总和为 1。

3. 通过损失函数的计算来更新网络参数

在训练过程中，分类层的输出与真实标签之间的差异通过损失函数(如交叉熵损失)来计算，损失函数的值用于反向传播算法更新网络的参数。在实践中，分类层通常紧跟在最后一个全连接层之后，并且与 softmax 激活函数结合使用。分类层的输出维度与类别的数量相等，每个输出值对应一个类别的概率。

全连接层和分类层在 CNN 中扮演着至关重要的角色。全连接层负责整合和转换特征，而分类层则用于生成最终的分类结果。通过这些层的协同工作，CNN 能够学习从输入图像到输出类别的复杂映射，实现高效的图像分类和其他计算机视觉任务。

2.1.5   典型的 CNN 架构

本节将介绍四种 CNN 架构，它们在某些时候(或目前)是许多研究项目和部署系统构建的基础模型。这些网络中的每一个都曾短暂地占据主导地位，其中许多都是 ImageNet 竞赛的获胜者或亚军。自 2010 年以来，ImageNet 竞赛一直是计算机视觉领域监督学习进展的见证者。这些模型包括 ① AlexNet[3]，其不仅证明了深度学习在图像分类任务中的优势，而且推动了深度学习在其他领域的应用。此外，它还引入了 ReLU 激活函数和 Dropout 等关键技术，这些技术后来成为深度学习中常用的技术；② VGG 网络，其证明了卷积神经网络中小卷积核的使用和深度的增加对网络的最终分类识别效果有很大的影响；③ GoogLeNet，其设计特点在于既有深度，又在横向上拥有"宽度"。它采用了名为 Inception 的核心子网络结构，这种结构能够更高效地利用计算资源，在相同的计算量下提取到更多的特征，从而提升训练效果；④ ResNet，其通过引入残差学习的概念，有效地解决了深度神经网络训练过程中的梯度消失和梯度爆炸问题，使得网络能够训练得更深，从而提高了模型的性能。下面介绍这些典型 CNN 网络的具体架构。

1. AlexNet

AlexNet 的网络结构如图 2.6 所示。AlexNet 共采用了 8 层 CNN，其以巨大优势赢得了 2012 年 ImageNet 大规模视觉识别挑战赛。该网络首次表明，通过学习获得的特征可以超越人工设计的特征，打破了传统计算机视觉的范式。

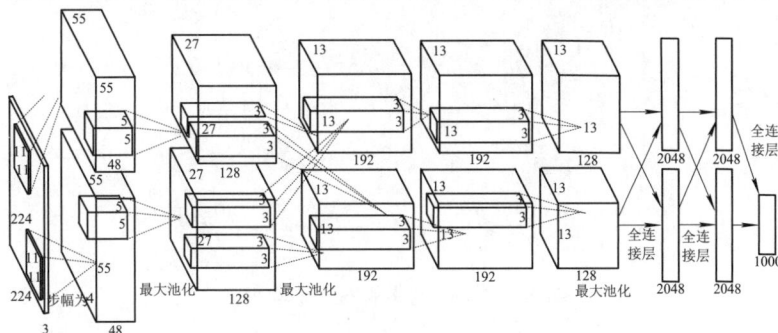

图 2.6　AlexNet 的网络结构图

AlexNet 网络结构采用修正线性激活函数(ReLU)，相比于采用 tanh 激活函数，训练时间大幅提升。同时，使用 ReLU 还可以有效防止过拟合现象。AlexNet 采用了层叠池化操作，以往池化的大小与步长相等，例如：图像大小为 256×256，PoolingSize $= 2 \times 2$，stride $= 2$，这样可以使图像或是特征图大小缩小为原来的一半，变为 128×128，此时池化过程没有发生层叠。AlexNet 采用层叠池化操作，即 PoolingSize 大于步长。这种操作类似于卷积操作，可以使相邻像素间进行信息交互。此操作可以有效防止过拟合的发生。同时，AlexNet 中的 Dropout 将每个隐层神经元的输出以 0.5 的概率设为 0，即随机失活一些神经节点，以达到防止过拟合的目的。

2. VGG 网络

VGG 网络由牛津大学的视觉几何组(Visual Geometry Group)提出，网络结构如图 2.7 所示。它在 2014 年的 ImageNet 挑战赛中取得了第二名的好成绩，并且在随后的许多计算机视觉任务中都显示出了强大的性能。VGG 网络的特点在于其简洁和一致性，它完全由 3×3 的卷积核和 2×2 的最大池化层构成，没有使用任何特殊的层，如 1×1 卷积或 Inception 模块。

VGG 网络包含多个不同深度的版本，如 VGG-16 和 VGG-19，其中 16 和 19 表示网络的深度(即卷积层和全连接层的总层数)，VGG-16 包含 13 个卷积层和 3 个全连接层，而 VGG-19 则包含 16 个卷积层和 3 个全连接层。

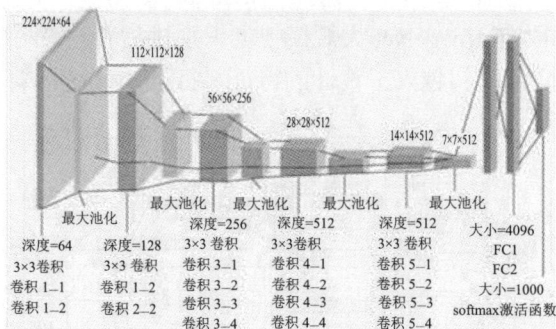

图 2.7   VGG 网络的网络结构图

3. GoogLeNet

GoogLeNet 的网络结构图如图 2.8 所示。GoogLeNet 由谷歌工程师于 2014 年提出，并在 ImageNet 比赛中取得了冠军。与 VGG 网络模型相比，GoogLeNet 模型的网络深度达到了 22 层，而且在网络架构中引入了 Inception 单元，从而进一步提升了模型整体的性能。虽然其网络深度达到了 22 层，但参数量却比 AlexNet 和 VGG 网络减少很多，GoogLeNet 参数量为 5M，而 VGG16 参数量为 138M，是 GoogLeNet 的 27 倍多；AlexNet 参数量约为 60M，是 GoogLeNet 的 12 倍。

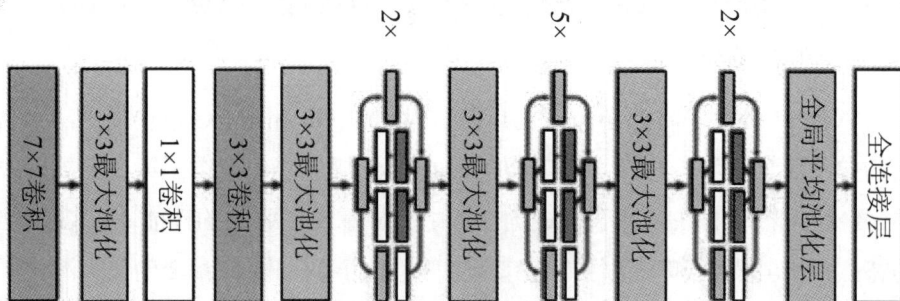

图 2.8   GoogLeNet 的网络结构图

4. ResNet

ResNet(Residual Network)是一种深度神经网络架构，由微软研究院的

He 等人于 2015 年提出。其通过堆叠残差单元成功训练出了 152 层的神经网络，并在 ILSVRC2015 比赛中取得冠军，在 top-5 上的错误率为 3.57 %，同时参数量比 VGG 网络的少，表现非常出色。ResNet 的结构可以极大地加速神经网络的训练，模型的准确率也有比较大的提升。同时，ResNet 的推广性非常好，可以直接插入到其他模块中来防止过拟合。ResNet 网络的残差块结构如图 2.9 所示。

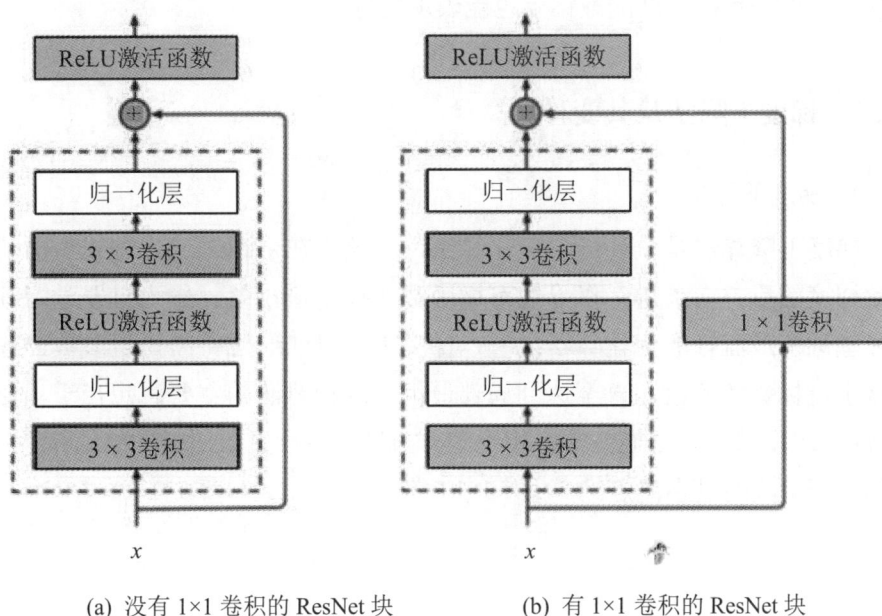

(a) 没有 1×1 卷积的 ResNet 块　　　　(b) 有 1×1 卷积的 ResNet 块

图 2.9　ResNet 网络的残差块结构

2.2　优化算法与正则化

深度学习优化算法旨在找到神经网络中的最优参数，通过最小化损失函数以提升模型性能。其核心在于寻找使损失函数达到最小的参数组合。最常用的优化方法是梯度下降法，它基于梯度和学习率两个关键因素来更新参数。梯度指明参数更新的方向，而学习率则控制参数更新的幅度。传统上，优化过程需精心设计损失函数及其约束条件，以确保凸性从而找到全局最小值。然而，神经网络的非凸特性使得优化变得更具挑战性，往往只能找到局部最小值。因此，选择合适的优化器对训练效果和模型性能至关重要。在 CNN 训练过程中，应该减少模型泛化误差，从而让模型在测试阶段能够保持优秀的性能。

正则化方法是减少泛化误差的重要步骤。正则化是一种用于防止深度学习模型过拟合并减少泛化误差的技术，它通过修改模型结构或损失函数，使模型在训练数据之外的数据上也能表现良好。

2.2.1　梯度下降法及其变种

1. 梯度下降法

梯度下降算法是一种一阶优化算法，其核心在于通过迭代方式，沿着函数梯度的反方向前进，以寻找可微函数的局部最小值。作为机器学习领域最基础和最流行的优化算法之一，梯度下降算法通过持续调整参数，逐步减小目标函数的值，直至达到局部最优。这种算法的主要思想在于，在每次迭代中，都向着与当前梯度相反的方向进行参数更新，如图 2.10 所示，以期找到函数的最小值点。

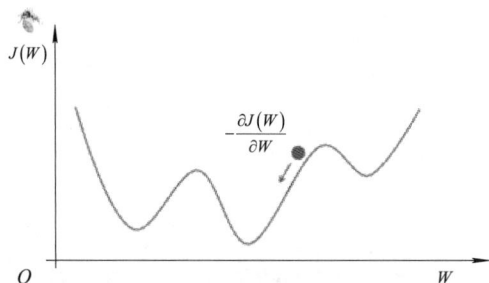

图 2.10　梯度下降法

网络训练的参数更新过程可以表示为

$$W^{t+1} \leftarrow W^t - \eta \frac{\partial J(W^t)}{\partial W^t} \tag{2.4}$$

其中，$J(W)$ 为损失函数，W 为参数，t 是迭代次数，η 称为学习率，是表示算法将采取的步骤大小的超参数。

2. SGD(随机梯度下降)[4]

在处理包含大量训练样本的机器学习问题时，传统的梯度下降算法往往显得效率低下。特别是在神经网络和深度学习的场景中，这些模型通常需要数百或数千个甚至更多的训练样本，直接利用所有训练样本来计算梯度并据此更新参数W，会极大地增加底层优化算法的计算复杂度。为了克服这一挑战，随机梯度下降(SGD)算法应运而生，它通过随机选取一小部分训练样本来计算梯度并更新参数，从而显著简化了优化过程。

随机梯度下降(SGD)算法的核心思想是通过使用单个随机选择的训练样本(或一组小批量样本)来快速近似地估计损失函数的梯度，并据此更新模型参数以最小化损失。该算法首先随机抽取一个训练样本(或一小批样本)，然后计算这些样本对模型参数的梯度，接着利用计算出的梯度值和预设的学习率来更新模型参数。此过程不断重复，直至满足预设的收敛条件或达到指定的迭代次数，从而实现对模型参数的优化。每次迭代不是精确地计算 $\dfrac{\partial J(W)}{\partial W}$，而是基于一小组随机选择的示例来估计这个梯度，如式(2.5)和式(2.6)所示。

$$W^{t+1} \leftarrow W^t - \eta_t G(W^t) \tag{2.5}$$

$$G(W^t) = \frac{1}{K} \sum_{k=1}^{k} \frac{\partial J_{(i_k)} W^t}{\partial W} \tag{2.6}$$

其中，$J_{(i_k)}$ 代表训练样本 i_k 的损失函数，K 代表训练样本的一个子集，这 K 个样本的子集被称为一个 mini-batch。在机器学习中，随机梯度下降(SGD)的迭代代价与所选择的 mini-batch 大小 K 成线性关系，即 $O(K)$，而传统梯度下降的迭代代价则与整个训练集的大小 N 成线性关系，即 $O(N)$。因此，当训练集非常大时，SGD 通常更为高效。SGD 通过随机梯度下降来更新权重，但是梯度方向并不一定指向最小的方向，有时不稳定，需要仔细调整学习率。下面介绍 Momentum、AdaGrad、Adam 这三种方法来改进 SGD。

3. Momentum[5]

随机梯度下降法(SGD)的一个主要限制在于，每次迭代都是基于一小批随机样本的梯度进行参数更新，这种随机性可能导致梯度方向产生较大的波动，进而使训练过程出现严重的振荡，降低训练速度，甚至有可能使模型陷入鞍点(即梯度在各个方向上都接近零，但并非全局或局部最小值的点)。为了克服这一限制，研究者们引入了带动量的随机梯度下降法(SGD with Momentum)。该方法的核心思想在于，它不仅考虑当前批次的梯度信息，还保留了之前的梯度信息，并基于这些历史信息来平滑地更新权重。具体地说，动量项模拟了物理世界中的惯性原理，使得参数的更新在梯度方向上加速，而在梯度方向变化时则起到减速的作用。

用数学公式来表示带动量的随机梯度下降法，可以写为

$$g^t \leftarrow pg^{t-1} + (1-\rho)G(W^t) \tag{2.7}$$

$$\Delta W^t \leftarrow -\eta_t g^t \tag{2.8}$$

$$W^{t+1} \leftarrow W^t + \Delta W^t \tag{2.9}$$

其中，g^t 是时间步长 t 中权值更新的方向，$\rho \in [0,1]$ 是控制当前更新中先前梯度和当前梯度的贡献的超参数，当 $\rho = 0$ 时，它与经典的随机梯度下降相同。Momentum 算法累积过去梯度的指数级衰减的移动平均，并继续向其方向移动。动量增加了收敛速度，同时它也有助于避免在搜索空间平坦的地方(梯度为零的鞍点)陷入困境。

4. AdaGrad

在神经网络训练中，学习率是关键。学习率太小，训练缓慢；学习率太大，训练不稳定。为了改善这种情况，研究者们提出了学习率衰减的策略，即随着训练的进行逐渐减小学习率。但这种方法对所有参数一视同仁。AdaGrad 算法则更进一步，它根据每个参数的历史梯度信息为每个参数设定"定制"的学习率，从而在训练过程中更加灵活地调整模型参数，改善训练效果。

为了优化训练过程，AdaGrad 算法引入了一种自适应的学习率调整机制，为每个参数分配一个独立的学习率。这种方法允许算法根据每个参数在训练过程中的特定表现来动态调整其学习步长。AdaGrad 通过累积每个参数的梯度平方来按比例更新每个参数在梯度中的分量(以及可能结合使用的动

量)，从而实现对学习率的精细控制。这种个性化的学习率调整策略能够加速训练过程，提高模型的收敛速度和训练效果。下面是其数学公式表示：

$$g^t \leftarrow G(W^t) \tag{2.10}$$

$$r^t \leftarrow r^{t-1} + g^t \cdot g^t \tag{2.11}$$

$$\Delta W^t \leftarrow -\frac{\eta}{\delta + \sqrt{r^t}} \cdot g^t \tag{2.12}$$

$$W^{t+1} \leftarrow W^t + \Delta W^t \tag{2.13}$$

其中，g^t 是时间步长 t 中的梯度估计向量，r^t 是控制每个参数更新的项，由梯度 g^t 与自身的元素积和前一项的 r^{t-1} 组成，δ 是用来避免被零除的一个数。

AdaGrad 算法在处理稀疏数据时表现出色，其原理在于对频繁更新的参数给予更小的学习率，而对不常更新的参数则保持较大的学习率，这种自适应的策略有助于模型更有效地利用数据中的信息。然而，AdaGrad 的一个潜在缺点是，由于它累积了之前所有步骤的梯度平方，学习率的降低可能会非常迅速，特别是在训练的早期阶段，而这种快速的学习率衰减可能会阻碍模型的进一步学习。

5. RMSProp[6]

RMSProp 算法由 Hinton 等人提出，是对 AdaGrad 算法的改进。AdaGrad 算法虽然在处理具有不同特征尺度的问题时表现出色，但随着时间的推移，其学习率会逐渐降低，可能导致训练在后期变得非常缓慢。RMSProp 算法通过引入一个指数衰减的平均值来克服这一缺陷。具体来说，RMSProp 算法不是简单地累加梯度的平方，而是使用了一个衰减因子(通常称为"动量"或"遗忘因子")来计算过去梯度的平方的滑动平均值。这种方法使得算法能够在一定程度上"忘记"较早的梯度信息，而更多地关注近期的梯度，从而避免了学习率过早地下降到一个过小的值。其数学表达式如下：

$$g^t \leftarrow G(W^t) \tag{2.14}$$

$$r \leftarrow \rho r^{t-1} + (1 - \rho) g^t \cdot g^t \tag{2.15}$$

$$\Delta W^t \leftarrow -\frac{\eta}{\delta + \sqrt{\hat{r}^t}} \cdot g^t \tag{2.16}$$

$$W^{t+1} \leftarrow W^t + \Delta W^t \qquad (2.17)$$

6. Adam[7]

Adam 优化器是一种强大的梯度下降算法，它巧妙地结合了 Momentum 和 AdaGrad 算法的关键特性和优点，旨在实现参数空间的高效搜索。Adam 通过计算梯度的第一阶矩(即平均值，类似于 Momentum)和第二阶矩(即梯度的平方的平均值，类似于 AdaGrad)的估计值，为每个参数动态地调整其学习率。其数学表达式如下：

$$g^t \leftarrow G(W^t) \qquad (2.18)$$

$$s^t \leftarrow \rho_1 s^{t-1} + (1-\rho_1)g^t \qquad (2.19)$$

$$r^t \leftarrow \rho_2 r^{t-1} + (1-\rho_2)g^t \bullet g^t \qquad (2.20)$$

$$\hat{s}^t \leftarrow \frac{s^t}{1-(\rho_1)^t} \qquad (2.21)$$

$$\hat{r}^t \leftarrow \frac{r^t}{1-(\rho_2)^t} \qquad (2.22)$$

$$\Delta W^t \leftarrow -\frac{\lambda}{\delta+\sqrt{\hat{r}^t}} \bullet \hat{s}^t \qquad (2.23)$$

$$W^{t+1} \leftarrow W^t + \Delta W^t \qquad (2.24)$$

其中，s^t 为带动量的梯度，r^t 累积了 RMSProp 中带动量梯度的平方，$\hat{s}^t$ 和 $\hat{r}^t$ 分别小于 s^t 和 r^t，但向它们收敛。参数 ρ_1 和 ρ_2 分别控制各移动平均的衰减率，其值接近于 1。

每种优化器都有其特定的优势和适用场景。例如，Adam 通常在很多任务中表现良好，而 SGD 在某些特定任务中可能更有效。选择优化器时需要考虑任务的具体需求、模型的复杂度以及训练数据的特点。此外，优化器的超参数(如学习率、动量等)也需要仔细调整以达到最佳效果。

2.2.2 正则化技术

当模型在训练数据上表现过于优秀，但在新的、未见过的数据上表现较差时，我们说模型出现了过拟合。正则化通过向模型的损失函数中添加一个与模型复杂度相关的惩罚项，使得模型在训练时不仅要考虑在训练数据上的表现，还要考虑自身的复杂度,在大型的神经网络中对目标函数添加合适的正则化项或对网络中的参数进行一定的控制，是现在非常普遍的预防过拟合的措施。

正则化可以帮助模型更好地学习到数据的内在规律，而不是仅仅记住训练数据。这样，当模型面对新的、未见过的数据时，也能有较好的表现，即提高了模型的泛化能力。同时，正则化可以看作是对模型参数的一种约束，使得模型的参数值不会过大，这有助于简化模型，降低模型的复杂度，从而使模型更容易理解和解释。在某些情况下，过大的参数值可能导致数值计算不稳定。正则化可以通过限制参数值的大小，提高数值计算的稳定性。常见的正则化技术包括范数正则化、权值衰减、Dropout 等。

1. 范数正则化

范数正则化是一种常见的预防过拟合的方法。在卷积神经网络的训练中，它通常用于损失函数，即在损失函数后添加一个正则化项，目的是对损失函数中的某一些参数做一定的限制，使得这些参数能够在训练的过程中避免过分拟合噪声数据。对标准损失函数添加正则化项可表示为

$$L = \arg\min \frac{1}{N} \sum_{i=1}^{N} \left(\gamma(\hat{y}_i, y) + \lambda R(W) \right) \tag{2.25}$$

其中：L 为损失函数，表示模型优化的目标。N 为数据集中的样本数量，表示一共有多少个训练样本。$\hat{y}_i$ 为第 i 个样本的模型预测值，为第 i 个样本的真是标签。$\gamma(\hat{y}_i, y)$ 为模型预测值 $\hat{y}_i$ 和真实标签 y 之间的误差度量。$R(W)$ 为正则化项，通常用于控制模型的复杂度。W 是模型的参数(如权重)，表示训练过程中需要优化的变量。λ 为正则化的超参数，控制正则化的权重。

1) L_1 正则化(L_1-norm)

输入网络中的特征有很大一部分不能提供有用信息，这些无用的特征信息被称为噪声，在网络训练中模型有可能将这些噪声进行拟合，使得模型测试误差增大。为解决上述问题，L_1 正则化将参数进行稀疏化从而更有利于特征选择。在损失函数中应用 L_1 正则化项

$$R_{L_1}(\omega) = \sum_{K=1}^{Q} \| W \|_1 \tag{2.26}$$

$$\| \boldsymbol{W} \|_1 = \sum_{K=1}^{Q} \sqrt{\omega_K^2 + \varepsilon} \tag{2.27}$$

其中: Q 为特征的维数; $\boldsymbol{W}$ 为权值向量。为了避免 L_1 正则化的公式在零处不可微, 在实际应用中增加了一个接近零的超参数 ε。

2) L_2 正则化(L_2-norm)

L_2 正则化也称为"岭回归"。在深度网络中 L_2 正则化的使用率极高。L_2 正则化是将各元素的平方和求平方根, 让所有的参数都接近于 0 而不为 0, 不产生稀疏的模型。L_2 正则化可以让网络中的所有参数比较均衡, 使模型不会对某个特征节点特别敏感, 当训练好的模型在测试集上运行时, 即使测试集中图像的某个噪声点异常突出, 也不会因为这个噪声点而使得模型最终的预测值与真实值偏差太多。L_2 正则化损失函数表示如下:

$$R_{L_2}(\boldsymbol{W}) = \sum_{K=1}^{Q} \| \boldsymbol{W} \|_2^2 \tag{2.28}$$

其中: Q 为特征的维数; $\boldsymbol{W}$ 为权值向量。L_1 正则化可以对内核的性能进行适度改进, 但大规模使用会导致性能下降, 而 L_2 正则化可以有效避免这类问题。一些实验表明, L_2 正则化的性能明显优于 L_1 正则化。

2. 权重衰减(weight decay)

权重衰减是一种在权重的梯度下降更新式中, 通过减少当前梯度值对梯度更新的影响来对模型的拟合过程进行干扰、防止模型过拟合的参数正则化方法。权重衰减在梯度下降更新中的应用如下:

$$W_{(n+1)} = (1 - \lambda)W_n - \alpha \frac{\partial E}{\partial W} \tag{2.29}$$

其中: E 为权重参数; λ 为权重衰减系数; α 为学习率。

在网络训练中, L_2 正则化也能使得权重衰减到一个更小的值, 但是并不能将 L_2 正则化与权重衰减画等号。在标准的随机梯度下降中, 可以发现 L_2 正则化和权值衰减正则化对于预防模型过拟合的效果是等效的, 但是当采用了自适应梯度算法时, L_2 正则化的效果不如权重衰减, 这是因为 Adam

每个参数的学习率会随着时间变化而 SGD 学习率不受时间影响。从表达式来看，L_2 正则化项会随着学习率的改变而变化；而如果使用权重衰减，因为权重衰减系数与学习率无关，即每次衰减的比例是固定的，所以在使用 Adam 时 L_2 正则化的效果不如权重衰减。

3. Dropout 正则化处理

前面我们介绍了为损失函数加上 L_2 范式的权值衰减方法。该方法容易实现，在某种程度上能够抑制过拟合，但是，如果网络模型变得很复杂，只用权值衰减方法就难以应对了。随着对神经网络的深入研究，涌现了很多减小或者稀疏参数的正则化方法，比如，2012 年 Hinton 等提出 Dropout 正则化方法。该方法的工作原理是神经网络在前向传播的时候让某个神经元以一定概率 P 处于未激活状态，从而减弱模型对某些局部特征的依赖而增强其泛化性。Dropout 通过在每个训练批次中随机地将一部分神经元置为 0 来防止过拟合，可以看作是一种在模型层面上的正则化方法。

在大型卷积神经网络中，Dropout 处理是一种能够有效避免网络中参数量过大的方法。Dropout 作用于神经网络的效果如图 2.11 所示，Dropout 以一定概率 P 随机地使一部分隐藏层中的特征节点处于未激活的状态，让其不参与到模型的训练过程中，从而使网络的复杂度与模型的参数量得到有效的控制。Dropout 在卷积神经网络第 $n \sim n+1$ 层的第 i 个神经元的前向传播过程如下式所示。

$$\hat{\boldsymbol{y}}^{(n)} = \boldsymbol{\gamma}^{(n)} \bullet \boldsymbol{y}^{(n)} \tag{2.30}$$

$$\boldsymbol{z}_i^{(n+1)} = \boldsymbol{w}_i^{(n+1)} \bullet \hat{\boldsymbol{y}}^{(n)} + \boldsymbol{b}_i^{(n+1)} \tag{2.31}$$

其中 $\boldsymbol{r}^{(n)}$ 是与第 n 层神经元个数相同的向量，每个元素取值为 1 或 0，并且符合伯努利分布，即每一个元素被保留的概率为 P；$\boldsymbol{w}_i^{(n+1)}$ 是第 $n \sim n+1$ 层的权重矩阵；$b_i^{(n+1)}$ 是第 n 层到第 $n+1$ 层的偏置。

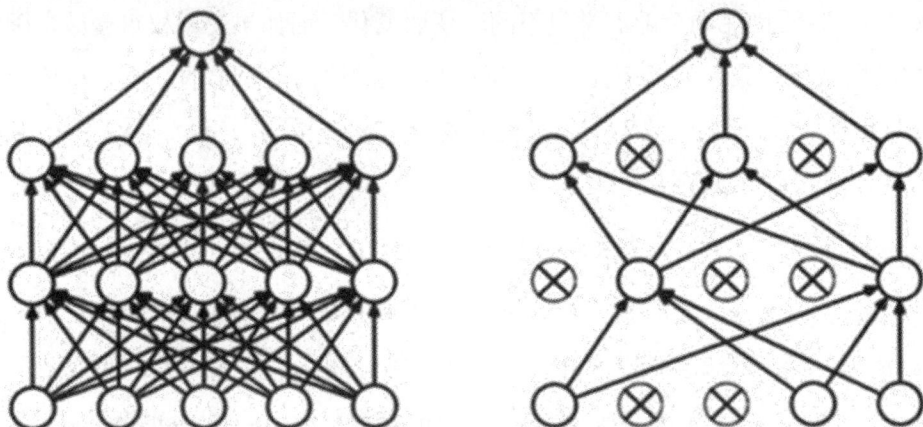

图 2.11　Dropout 应用于神经网络的可视化图示

当神经网络的层数固定时，P 的数值过大或过小都可能造成模型过拟合或欠拟合，$0.4 \leqslant P \leqslant 0.8$ 时模型的测试误差会比较平缓。

2.2.3　批量归一化

批量归一化(Batch Normalization)是一种在训练深度神经网络时常用的技术，旨在加速训练过程并提高模型的稳定性。它通过规范化(Normalization)层的输入来减少内部协变量偏移(Internal Covariate Shift)，即网络层输入分布的变化。使用浅层模型时，随着模型训练的进行，当每层中参数更新时，靠近输出层的输出较难出现剧烈变化。对深层神经网络来说，随着网络训练的进行，前一层参数的调整使得后一层输入数据的分布发生变化，各层在训练的过程中就需要不断地改变以适应学习这种新的数据分布。所以即使输入数据已做标准化，训练中模型参数的更新依然很容易导致后面层输入数据分布的变化，只要网络的前面几层发生微小的改变，后面几层的改变就会被累积放大，最终造成靠近输出层输出的剧烈变化。这种计算数值的不稳定性通常令我们难以训练出有效的深度模型。如果训练过程中，训练数据的分布一直在发生变化，那么不仅会增大训练的复杂度，影响网络的训练速度，而且增加了过拟合的风险。

在模型训练时，应用激活函数之前，先对一个层的输出进行归一化，将所有批数据强制在统一的数据分布下，然后将其输入到下一层，使整个神经网络在各层中输出的数值更稳定。从而使深层神经网络更容易收敛，而且降低模型过拟合的风险。

如前所述，批量归一化的思路是调整各层的激活值分布使其拥有适当的广度。为此，要向神经网络插入对数据分布进行正则化的层，即 Batch Normalization 层。

批量归一化通常包括以下步骤：

1. 计算批次均值和方差

对于每个特征(Feature)，计算当前批次(Batch)的均值(Mean)和方差(Variance)。

2. 归一化

使用批次的均值和方差对每个特征进行归一化处理，使得归一化后的数据均值为 0，方差为 1。

3. 缩放和平移

归一化后的数据通过两个可学习的参数(通常表示为 γ 和 β)进行缩放和平移，以恢复网络的表达能力。

其数学表达式可以表示为

$$\mu_\beta \leftarrow \frac{1}{m}\sum_{i=1}^{m} x_i \tag{2.32}$$

$$\sigma_\beta^2 \leftarrow \frac{1}{m}\sum_{i=1}^{m} (x_i - \mu_\beta)^2 \tag{2.33}$$

$$\hat{x}_i \leftarrow \frac{x_i - \mu_\beta}{\sqrt{\sigma_\beta^2 + \varepsilon}} \tag{2.34}$$

$$y_i \leftarrow \gamma \hat{x}_i + \beta \tag{2.35}$$

其中，x_i 是第 i 个特征的原始值，μ_β 是批次均值，σ_β^2 是批次方差，ε 是一个很小的常数，用于保持数值稳定性，γ 和 β 是可学习的参数。

批量归一化的优点包括：

(1) 加速训练，减少训练过程中的梯度消失和梯度爆炸问题，使收敛更快。

(2) 提高稳定性，使网络对初始化参数的选择更加不敏感。

(3) 允许更高的学习率，由于减少了梯度消失问题，可以使用更高的学习率。

(4) 减少过拟合，归一化过程有助于减少模型的过拟合。

然而，批量归一化也有其局限性，例如在小批次或每层的样本分布变化不大时可能效果不佳。此外，批量归一化依赖于批次的统计信息，这在训练的早期阶段可能不够稳定。在这些情况下，可以考虑使用其他归一化技术，如层归一化(Layer Normalization)[8]或实例归一化(Instance Normalization)[9]。

2.2.4　损失函数的选择与设计

损失函数(Loss Function)是机器学习和统计学中衡量模型预测值与实际值之间差异的函数，即衡量当前神经网络对监督数据不拟合、不一致的程度。损失函数的选择对模型的训练和最终性能有重要影响。常见的损失函数有：均方误差(Mean Squared Error, MSE)、交叉熵误差(Cross-Entropy Error)、对数损失(Logarithmic Loss)、绝对误差(Mean Absolute Error, MAE)、Hinge损失(Hinge Loss)等。

1. 均方误差

均方误差是回归损失函数中最常用的一种，表示预测值 $f(x)$ 与目标值 y 之间差值平方和的均值。预测值和目标值越接近，两者的均方误差就越小。其公式如下：

$$\text{MSE} = \frac{\sum_{i=1}^{n}(f(x) - y)^2}{n} \tag{2.36}$$

MSE 的函数曲线光滑、连续，处处可导，便于使用梯度下降算法，是一种常用的损失函数。而且，随着误差减小，梯度也在减小，有利于收敛，即使使用固定的学习率，也能较快地收敛到最小值。当真实值 y 和预测值 $f(x)$ 的差值大于 1 时，会放大误差；而当差值小于 1 时，则会缩小误差，这是平方运算决定的。MSE 对于较大的误差(>1)给予较大的惩罚，较小的误差(<1)给予较小的惩罚。也就是说，MSE 对离群点比较敏感。

2. 交叉熵误差

除了均方误差外，交叉熵误差也经常被用作损失函数。交叉熵误差如下：

$$E = -\sum_k t_k \log y_k \tag{2.37}$$

其中 y_k 是神经网络的输出，t_k 是正确解标签，并且 t_k 中只有正确解标签的索引为 1，其他解标签的索引均为 0。

对于二分类问题：

$$H(y,\hat{y}) = -\left[y\log(\hat{y}) + (1-y)\log(1-\hat{y}) \right] \tag{2.38}$$

对于多分类问题：

$$H(y,\hat{y}) = -\sum_{c=1}^{M} y_{o,c} \log(\hat{y}_{o,c}) \tag{2.39}$$

其中，y 是真实标签的独热编码(one-hot encoding)，$\hat{y}$ 是模型预测的概率分布，M 是类别总数，$y_{o,c}$ 是独热编码中第 c 个类别的标签(0 或 1)，$\hat{y}_{o,c}$ 是模型预测为第 c 个类别的概率。

交叉熵误差是分类问题中常用的损失函数，特别是在二分类和多分类问题中。它衡量的是模型预测的概率分布与真实标签的概率分布之间的差异。交叉熵误差提供了一个概率框架，可以直接解释模型的输出，鼓励模型输出接近 0 或 1 的概率，从而提高分类的区分度。交叉熵误差自然适用于多分类问题，而不仅仅是二分类问题。在多分类问题中，交叉熵误差常与 softmax 激活函数结合使用，形成 softmax 分类器。但是当预测概率接近 0 或 1 时，对数函数可能导致数值稳定性问题，如溢出或下溢。当真实分布和预测分布差异很大时，交叉熵误差可能会变得非常大，可能导致梯度消失或爆炸的问题。

交叉熵误差是分类问题中非常有效的损失函数，尤其是在需要模型输出预测概率时。然而，在使用时需要注意数值稳定性问题，并适当调整模型以避免训练过程中的不稳定性。

3. 绝对误差

绝对误差也称为 L_1 损失函数，通常用于回归问题中作为评估模型预测结果的一种指标，计算预测值与实际值差的绝对值的平均值。绝对误差如下式所示：

$$\text{MAE} = \frac{\sum_{i=1}^{n} |y_i - \hat{y}_i|}{n} \tag{2.40}$$

其中 n 是数据点的总数，y_i 是第 i 个数据点的真实值，$\hat{y}_i$ 是第 i 个数据点的预测值。绝对误差也称为 L_1 损失函数，L_1 损失的主要特点是对异常值具有较好的鲁棒性，不易受异常值的影响，对于异常值(Outliers)的敏感度低于均方误差，因为异常值对 MAE 的影响是线性的，而对 MSE 的影响是平方的。它直观地表示了预测值与实际值之间的平均误差。但是 MAE 的导数是阶梯函数，这可能使得优化过程不够平滑，导致训练过程不稳定。MAE 对误差的惩罚是线性的，这意味着它不会鼓励模型去减少已经较小的误差。

在实际应用中，绝对误差通常用于那些对异常值敏感度较低的问题，或者当预测误差的绝对值比平方值更有意义时。例如，在预测房价、股票价格等经济指标时，使用 MAE 可能比 MSE 更合适，因为它不会过分强调极端预测误差。

在机器学习的世界里，损失函数扮演着至关重要的角色，它是连接数据、模型和学习过程的桥梁。损失函数的设置，是我们对模型性能评估的量化表达，它定义了模型预测与实际结果之间的差距。通过最小化损失函数，我们引导模型学习数据中的模式和规律，从而提高其预测的准确性。

2.3 深度学习框架与工具

2.3.1 TensorFlow 与 Keras

TensorFlow 和 Keras 都是流行的开源机器学习库，它们在深度学习和人工智能领域有着广泛的应用。

TensorFlow 是由 Google Brain 团队开发的一个强大的机器学习框架，它支持多种深度学习模型的构建和训练。TensorFlow 具有以下特点：① 灵活性：TensorFlow 支持多种深度学习模型，包括 CNN、RNN、LSTM 等。② 可扩展性：TensorFlow 可以运行在多种设备上，包括 CPU、GPU、TPU 等。③ 分布式训练：TensorFlow 支持多 GPU 和多节点的分布式训练，适合大规模数据集和复杂模型的训练。④ 移动和嵌入式设备支持：TensorFlow Lite 和 TensorFlow.js 分别支持移动端和浏览器端的机器学习应用。

Keras 是一个高级神经网络 API，它提供了一个简洁、易用的界面来构建和训练深度学习模型。Keras 最初由 François Chollet 开发，后来被集成到 TensorFlow 中作为其官方高级 API。Keras 的主要特点包括：① 简洁性：Keras 的 API 设计简洁直观，易于学习和使用。② 模块化：Keras 的模型构建基于模块化原则，使得模型的构建和修改更加灵活。③ 快速实验：Keras 支持快速原型设计和实验，有助于研究人员和开发者快速测试新想法。④ 支持多种后端：Keras 可以运行在多种后端引擎上，包括 TensorFlow、Theano 和 CNTK。

Keras 作为 TensorFlow 的官方高级 API，与 TensorFlow 紧密集成。这意味着可以使用 Keras 来构建模型，而底层的计算和优化由 TensorFlow 处理。Keras 提供了更简单、更直观的 API，使得在 TensorFlow 上构建和训练模型变得更加容易。通过 Keras,你可以访问 TensorFlow 的所有底层功能,包括分布式训练、TPU 支持等。同时,作为 TensorFlow 的一部分,Keras 受益于 TensorFlow 庞大的社区和持续的支持。

简而言之,TensorFlow 是一个功能全面、高度灵活的机器学习框架,而 Keras 是一个建立在 TensorFlow 之上的高级 API,它提供了更简单、更快速的方式来构建和训练深度学习模型。通过结合使用 TensorFlow 和 Keras,开发者可以利用两者的优势,高效地开发和部署深度学习应用。

2.3.2   PyTorch 的使用方法

PyTorch 是一个流行的开源深度学习框架,其允许以直观、简洁的方式进行神经网络的构建和训练。以下介绍 PyTorch 的使用方法。

1. 安装 PyTorch

可以通过 PyTorch 官网(https://pytorch.org)获取安装指南。使用 conda 安装 PyTorch 时,需要配置虚拟环境,并选择合适的 PyTorch 版本和 CUDA 版本(如果有 NVIDIA 显卡的话)。可以使用清华大学的镜像源进行安装,以提高下载速度。

2. 导入 PyTorch 库

在 Python 脚本中,通过 import torch 来导入 PyTorch 库。

3. 创建和操作张量(Tensor)

PyTorch 中的张量类似于 NumPy 的数组,但具有自动求导和 GPU 加速等额外功能。使用 torch.tensor()、torch.randn()等函数可以为列表、NumPy 数组等创建张量。张量支持各种数学运算,如加法、乘法等。

4. 定义神经网络模型

PyTorch 中的神经网络模型通常通过继承 torch.nn.Module 类来定义。在模型类中,需要定义__init__()方法来进行初始化,如添加各种网络层。forward()方法定义了数据通过网络层的前向传播过程。

5. 数据加载

使用 torch.utils.data.DataLoader()和 torch.utils.data.Dataset()来加载和批

处理数据。可以通过自定义 Dataset 类来加载自己的数据集。

6. 构建模型

新建一个类，并继承 Module 类，重写 forward() 函数定义模型的前向过程。同时需要定义损失函数和优化器。常见的损失函数有交叉熵损失等，常见的优化器有随机梯度下降等。在训练循环中，需要清空优化器的梯度，然后前向传播计算损失，反向传播计算梯度，最后使用优化器更新模型参数。

7. 模型评估与保存

使用测试数据集对模型进行评估，可以计算准确率、损失等指标。使用 torch.save() 函数保存模型参数或整个模型。

2.3.3　MMdetection 检测库

MMDetection[10]是商汤和香港中文大学针对目标检测任务推出的一个开源项目，它基于 PyTorch 实现了大量的目标检测算法，把数据集构建、模型搭建、训练策略等过程都封装成了一个个模块，通过模块调用的方式，能够以很少的代码量实现一个新算法，大大提高了代码复用率。使用 MMDetection 构建一个新算法时，通常包含以下几步：

1. 注册数据集

CustomDataset 是 MMDetection 在原始的 Dataset 基础上的再次封装，其 __getitem__() 方法会根据训练和测试模式分别重定向到 prepare_train_img()和 prepare_test_img()函数。用户以继承 CustomDataset 类的方式构建自己的数据集时，需要重写 load_annotations()和 get_ann_info() 函数，定义数据和标签的加载及遍历方式。完成数据集类的定义后，还需要使用 DATASETS.register_module()进行模块注册。

2. 注册模型

注册模型构建的方式和 PyTorch 类似，都是新建一个 Module 的子类然后重写 forward() 函数，唯一的区别在于 MMDetection 中需要继承 BaseModule 而不是 Module。BaseModule 是 Module 的子类，MMLab 中的任何模型都必须继承此类。另外，MMDetection 将一个完整的模型拆分为 backbone、neck 和 head 三部分进行管理，所以用户需要按照这种方式，将算法模型拆解成 3 个类，分别使用 BACKBONES.register_module()、NECKS.register_module()和 HEADS.register_module()完成模块注册。

3. 构建配置文件

配置文件用于配置算法各个组件的运行参数，大体上可以包含四个部分：datasets、models、schedules 和 runtime。完成相应模块的定义和注册后，在配置文件中配置好相应的运行参数，然后 MMDetection 就会通过 Registry 类读取并解析配置文件，完成模块的实例化。另外，配置文件可以通过 _base_ 字段实现继承功能，以提高代码复用率。

4. 训练和验证

在完成各模块的代码实现、模块注册、配置文件编写后，就可以使用 ./tools/train.py 和 ./tools/test.py 对模型进行训练和验证，不需要用户编写额外的代码。

本 章 小 结

本章深入探讨了深度学习的基础理论、核心组件以及关键技术，包括卷积神经网络、优化算法与正则化技术、以及主流深度学习框架与工具。通过学习本章，读者能够建立起深度学习核心知识的框架，为后续深入研究与实践奠定坚实的基础。

参 考 文 献

[1]　HE K, ZHANG X, REN S, et al. Deep residual learning for image recognition[C]//Proceedings of the IEEE Conference on Computer Vision

and Pattern Recognition. Las Vegas,NV,USA:IEEE,2016: 770-778.

[2] SZEGEDY C, LIU W, JIA Y, et al. Going deeper with convolutions [C]//Proceedings of the IEEE Conference on Computer Vision and Pattern Recognition.Boston,MA,USA:IEEE, 2015: 1-9.

[3] KRIZHEVSKY A, SUTSKEVER I, HINTON G E. Imagenet classification with deep convolutional neural networks[J]. Advances in Neural Information Processing Systems, 2012, 25.

[4] AMARI S. Backpropagation and stochastic gradient descent method[J]. Neurocomputing, 1993, 5(4-5): 185-196.

[5] NAKERST G, BRENNAN J, HAQUE M. Gradient descent with momentum---to accelerate or to super-accelerate?[DB/OL]. arXiv preprint arXiv:2001.06472, 2020.https://arxiv.org/abs/2001.06472.

[6] TIELEMAN T, HINTON G. Lecture 6.5-rmsprop: Divide the gradient by a running average of its recent magnitude[J]. COURSERA: Neural Networks for Machine Learning, 2012, 4(2): 26-31.

[7] KINGMA D P, BA J. Adam: A method for stochastic optimization[DB/OL]. arXiv preprint arXiv:1412.6980, 2014.https:arxiv.org/abs/1412.6980.

[8] BA J L, KIROS J R, HINTON G E. Layer normalization[J]. arXiv preprint arXiv:1607.06450, 2016.

[9] ULYANOV D, VEDALDI A, LEMPITSKY V. Instance normalization: The missing ingredient for fast stylization[J]. arXiv preprint arXiv:1607.08022, 2016.

[10] CHEN K, WANG J, PANG J, et al. MMDetection: Open mmlab detection toolbox and benchmark[J]. arXiv preprint arXiv:1906.07155, 2019.

第 3 章 可感知全局上下文的 目标检测网络

本章主要研究了目标检测算法难以利用图片中全局上下文语义信息的问题。第一节首先介绍了研究背景，研究动机和方法概述；第二节介绍了本章提出的可感知全局上下文的特征金字塔网络；第三节进行了实验验证及对比分析；最后对本章进行了小结。

3.1 引 言

3.1.1 研究背景

得益于深度网络技术在计算机视觉领域的应用和发展，现阶段目标检测、语义分割和实例分割等计算机视觉任务的模型性能都得到了大幅提升。目前主流的目标检测网络根据其检测流程可分为单阶段和两阶段两种类型。单阶段方法以 SSD、YOLO、RetinaNet 系列为代表，密集检测的方式使其拥有较快的处理速度，但是检测精度较低且容易受到目标尺寸和比例的影响，对小目标检测效果不佳。两阶段方法以 Fast R-CNN 和 Faster R-CNN 为代表，主要特点是先生成候选框，再对候选框进行分类和定位，相对来说检测精度较高，能够更好地检测不同大小的目标，具有较强的鲁棒性和泛化能力。后续也有 Double Head R-CNN 和 Cascade R-CNN 等改进算法，这些基于两阶段方法改进的方法虽然在目标检测精度上都取得了很大的提升，但是忽略了目标上下文的语义关系，同时更加复杂的结构也降低了模型的检测速度。

在计算机视觉任务中，目标上下文信息可以帮助网络更多地捕获到目标与背景环境之间的关系，从而可以依赖这种潜在的关系特征来辨识目标本体。获取目标上下文信息有多种方式，现在常用的是通过注意力(Attention)机制的方式将全局上下文信息和局部感兴趣信息合并在一起[1]。同时，对于两阶段目标检测，除了对候选框同时进行回归和分类之外，还可以对候选框直接进行扩展处理来获取更多的语义信息。PyramidBox[2]中采用了在目标裁剪时将感兴趣区域进行扩张的方式来获取更多的周围信息。除此之外，上下文信息还有许多其他方面的应用，文献[3]提出了上下文门控卷积自适应地修改卷积层的权重，文献[4]提出了双感知匹配网络来学习上下文感知特征序列，同步执行序列对比来进行行人重识别。上述方法虽然验证了全局上下文的重要性，但没有考虑 RoI Pooling/RoI Align 后得到的裁剪局部特征之间的关系及其相应的全局背景信息。同时，目前在目标检测领域所利用的上下文信息也局限于骨干网络中，即在卷积操作中利用注意力机制引入全局上下文，而本章的方法主要侧重于探索裁剪的局部感兴趣特征与全局上下文的关系。

3.1.2　研究动机

如图 3.1 所示，两阶段目标检测框架可以划分为三部分：用于提取基础特征元素的骨干网络(Backbone Network)，促进多尺度特征金字塔式融合的颈部网络(Neck Network)和任务导向的 RoI 检测头网络(RoI Head)。而位于颈部网络和检测头网络的过渡组件 RoI Pooling/RoI Align，也是目前大部分流行的两阶段目标检测模型中不可缺少的组件，其主要功能是对剪切出来大小不同的目标感兴趣区域进行对齐来适应卷积神经网络输入大小一致的要求。例如 Faster R-CNN 从特征金字塔中自适应裁剪不同空间大小的感兴趣目标，然后通过 RoI Align 将其统一放缩到 7×7 的大小，最后在检测头网络中通过连接两个 FC 层来进行分类和定位。

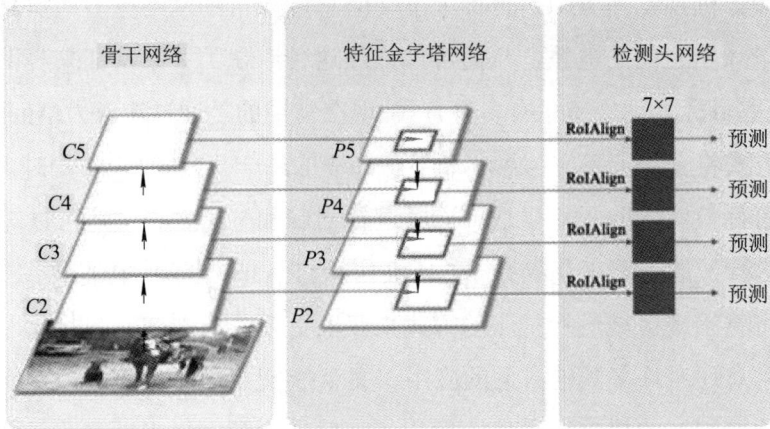

图 3.1　两阶段目标检测网络框架

但是只用裁剪得到的 7×7 局部感兴趣区域来进行分类和位置回归的合理性还有待商榷, 因为对于分类任务来说, 目标与环境中的其他物体具有一定的关系, 例如餐桌常和碗碟等一起出现, 电脑常和鼠标、键盘处于同一场景。对于位置回归任务来说, 检测模型最后预测得到的目标坐标是在整张图片中的相对位置, 因此环境中的一些参照物也能够帮助定位目标, 所以单纯只用裁剪对齐之后的特征图来进行检测将会丢失掉这些局部和全局上下文之间的关系信息。如图 3.2 所示, 本章算法的主要目的是挖掘图片空间中隐含的上下文语义来帮助检测器更好地作出决断。

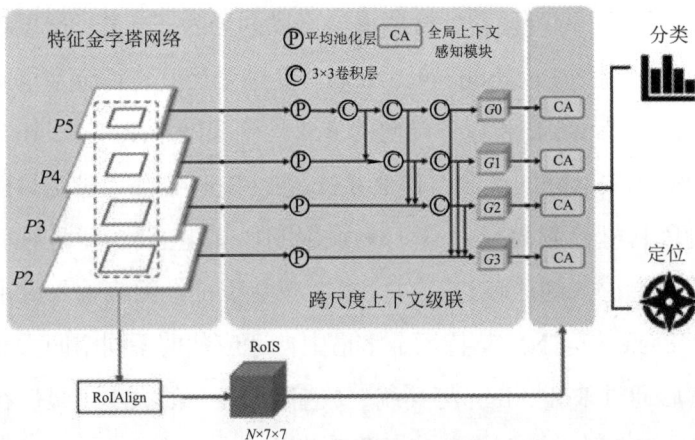

图 3.2　GCA R-CNN 整体网络结构

3.1.3　方法概述

本章提出了一种上下文感知机制，其允许两阶段目标检测网络将全局上下文信息与 RoI(感兴趣区域)的局部信息融合，记作 GCA(Global Context Aware) R-CNN。在两阶段方法中，RPN Head(即第一阶段)和 RoI Head(即第二阶段)都使用骨干网络提取的图像特征进行预测任务，其中 RPN Head 负责区分前景和背景并预测边界框的回归系数，而 RoI Head 负责预测 RoI 的具体类别并获取用于微调边界框的偏移值。因此，本章所提方法分别在这两个阶段增强其全局特征感知能力。对于 RPN Head，它使用骨干网络输出的整体特征来进行预测任务，所以本章只使用全局统计特征来对 RPN Head 进行特征校准。而对于 RoI Head，它使用的是从整体特征图中裁剪出来的部分特征作为输入，所以需要更复杂的设计来提取它的全局特征。本章模型的结构如图 3.2 所示。具体来说，特征金字塔中不同阶段的特征图携带不同属性的全局上下文信息，为了充分利用这些信息，本章模型通过在 RoI Head 中的不同尺度之间使用密集连接(Dense Connection)来融合不同阶段的全局上下文信息，接着提出了上下文感知模块来生成高维全局描述符，最后，在解耦定位和分类任务之前使用两个共享的 FC 层进一步提取不同阶段的特征，并且通过融合不同阶段的预测信息做出最终决策。

3.2　可感知全局上下文的特征金字塔网络

3.2.1　特征金字塔网络分析

特征金字塔网络由三个基本组件构成：自底向上的特征提取路径，横连结构和自顶向下的特征融合路径。其中，自底向上的路径位于骨干网络之中，主要由特征提取后的几个阶段输出特征图组成。一般来讲，随着网络深度的增加，骨干网络中特征张量的空间尺寸逐渐缩小，通道维度不断增加，这样做可以在适当减少网络计算量的同时保持网络复杂度。以 ResNet 为例，其对输入的特征图进行了 5 次降采样操作，相对于输入图片尺寸，对应的下采样步长分别为 $\{2,4,8,16,32\}$，如此便可得到 $\{112 \times 112, 56 \times 56, 28 \times 28, 14 \times 14, 7 \times 7\}$ 这 5 个不同空间尺寸的特征图输出，分别记为 $\{C1,C2,C3,C4,C5\}$。但是在特征金字塔的自底向上阶段中仅使用了后四个输出特征，即 $\{C2,C3,C4,C5\}$。这是因为浅层特征具有更丰富的细节特征，但是其特征尺寸较大，会造成计算负担，同时深层特征也包含了更多的语义特征。而横连结构位于自底向上和自顶向下路径的中间，并在两条路径之间建立一对一的映射，其主要职能是将 $\{C2,C3,C4,C5\}$ 特征图进行进一步的编码，并将其转化为相同的输出通道维度来为后续的多尺度特征融合作准备，得到对应的通道压缩后的特征金字塔记为 $\{L2, L3, L4, L5\}$。最后在自底向上的路径中通过逐步将 $L5$ 上采样并与对应阶段横连特征相加融合后得到最终的特征金字塔 $\{P2, P3, P4, P5\}$ 输出，用于后续的感兴趣区域裁剪及预测任务。

3.2.2　跨尺度上下文级联模块

如上一小节所述，FPN 只利用经过裁剪得到的感兴趣区域来对目标进行定位和分类会极大地丢失目标上下文信息，这将导致检测网络缺少对背景与局部目标信息之间关系的感知能力。为了更好地建立目标局部与环境整体的联系，所提方法从两个方面来进行优化设计：① 全局上下文语义信息的获取。② 局部与全局信息的交互融合。对于全局上下文语义信息的获取，所提方法设计了跨尺度的级联方式，从不同阶段的图像级特征中提取全局语义并进行融合。如图 3.2 所示，首先，本文将 $\{P2, P3, P4, P5\}$ 的空间大小通过自适应池化层分别采样为 $(M, N) \times \{1, 1/2, 1/4, 1/8\}$，$M$ 和 N 分别代表特征图 $P2$ 的高和宽，并且利用包含卷积层数量分别为 $\{3, 2, 1, 0\}$ 的下采样块，即四个平行分支对这些池化后的特征图继续下采样。每个下采样块为包含 3×3，步长为 2 的卷积层和 ReLU 激活函数的复合操作，最后利用级联关系矩阵得到的相同尺度全局上下文特征图集合记作 $\{G_0, G_1, G_2, G_3\}$。这种级联结构不仅可以增强不同尺度特征之间的梯度流动，还能够实现高效的特征复用。级联融合后输出的特征 G_i 可以定义为

$$G_i = D^{3-i}\left(\left[\varPhi(p_{i+2}), \boldsymbol{W}_i\right]\right) \tag{3.1}$$

$$\boldsymbol{W} = \begin{pmatrix} 0 & 0 & 0 \\ 1 & 0 & 0 \\ 1 & 1 & 0 \\ 0 & 0 & 1 \end{pmatrix} \left(D^i\left(\varPhi(p_2)\right) \quad D^1\left[\varPhi(p_3), D^1\left(\varPhi(p_2)\right)\right] \quad \left[G_0, G_1, G_2, G_3\right]\right)^{\mathrm{T}} \tag{3.2}$$

其中，$\boldsymbol{W}$ 代表级联关系矩阵，D^i 代表共使用 i 个下采样块，$\varPhi$ 代表自适应池化层，$\boldsymbol{W}_i$ 代表矩阵 $\boldsymbol{W}$ 的第 i 行，G_i 代表第 i 个阶段提取的全局特征，[•] 表示沿通道维度进行拼接。

3.2.3　全局上下文感知模块

如图 3.3 所示，全局上下文感知模块由两部分组成：全局特征提取模块和信息融合模块。此模块的设计主要受 SENet[5] 的启发，SENet 中提出的挤压-激发(Squeeze-and-Excitation)模块展示出了高效的全局信息提取能力，其可以通过编码更高维、抽象的全局描述符来模仿人类视觉对于事物的感知过程，即更加关注于具有高辨识度的特征而忽略掉一些信息量较少的次要特征。而本章所提方法的主要设计目的就是为裁剪后的局部特征引入全局辨别信息。

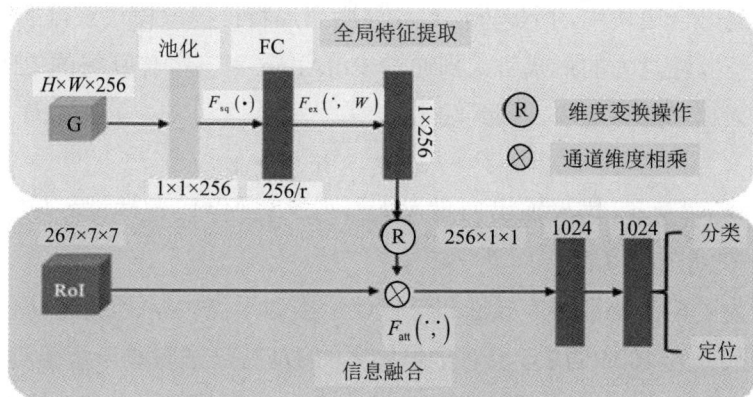

图 3.3　全局上下文感知模块结构图

基于上述分析，所提方法在注意力模块中首先将上一小节获取的全局特征集$\{G_2, G_3, G_4, G_5\}$嵌入到了更高维的特征空间来进行特征提纯。为此，在注意力模块中本章使用了全局特征池化层聚合特征的空间信息来获取通道维度上的统计特征。接着，利用由两个 FC 层组成的压缩率为 r 的瓶颈层来压缩和激发通道维度全局统计特征，其主要是用来学习全局上下文信息和本地上下文信息之间的非互斥关系信息。需要注意的是，在瓶颈层中第一个 FC 层使用 ReLU 激活函数而第二个 FC 层使用 Sigmoid 激活函数。在全局特征提取模块中假设全局池化后得到的空间全局描述符为 $z \in \mathbb{R}^n$，那么向量 z 中的第 c 个元素可由下式计算：

$$z_c = F_{\text{pool}}\left(g_c\right) = \frac{1}{H \times W} \sum_{i=1}^{H} \sum_{j=1}^{W} g_c\left(i,j\right) \tag{3.3}$$

其中，$F_{\text{pool}}\left(\bullet\right)$ 代表全局平均池化层，H 和 W 分别代表输入特征的高和宽，g_c 为输入的全局特征 G 的第 c 个通道。

接下来，再将全局描述符通过压缩-扩张编码得到特征向量 s 激发其特征表达能力：

$$s = F_{\text{ex}}\left(F_{\text{sq}}\left(Z\right)\right) = \sigma\left(g\left(Z,W\right)\right) = \sigma\left(W_2 \delta\left(W_1 Z\right)\right) \tag{3.4}$$

其中，$W_1 \in \mathbb{R}^{\frac{C}{r} \times C}$ 和 $W_2 \in \mathbb{R}^{C \times \frac{C}{r}}$ 分别代表压缩操作 $F_{\text{sq}}\left(\bullet\right)$ 和扩张操作 $F_{\text{ex}}\left(\bullet\right)$ 的权重张量。$\delta\left(\bullet\right)$ 和 $\sigma\left(\bullet\right)$ 分别代表 ReLU 和 Sigmoid 激活函数。

在信息融合模块中，所提方法首先将由全局特征提取模块获得的 1D 全局统计特征以注意力的形式引入到通过 RoIAlign 对齐操作获得的 $256 \times 7 \times 7$ 的感兴趣局部特征中，得到输出：

$$O = F_{\text{Att}}\left(g_c, s_c\right) = s_c \bullet g_c \tag{3.5}$$

其中 $O = [o_1, o_2, \cdots, o_c]$ 代表输出向量，$F_{\text{Att}}\left(g_c, s_c\right)$ 操作代表标量 s_c 与特征图 $g_c \in \mathbb{R}^{H \times W}$ 在通道维度相乘。

接着为了增强特征的差异性和泛化性，类似于 FPN，所提方法使用了两个输出尺寸为 1024 的 FC 层对平坦化后的 1D 特征进行进一步编码。值得注意的是，与 SENet 将全局描述符在经过挤压-激发模块后与 2D 输入特征的每个通道执行特征重新校准不同，本算法将全局描述符作用于获得的 $256 \times 7 \times 7$ 局部感兴趣特征张量以加强全局上下文语义和局部感受野隐含位置的逻辑关系交互。

3.2.4　特征融合

在 FPN 的检测头网络中，其直接使用两个 FC 层对 RoIAlign 放缩对齐后的特征进行编码，然后分别进行定位和分类任务。不同于此，本方法所设计的跨尺度上下文感知模块可获取到四种来自不同尺度的全局上下文语义统计特征，并且利用它们分别对裁剪的局部特征进行了校准处理，因此在进行分类和定位任务之前本方法采用了特征融合技术对这些校准后的特征进行了合并。

特征融合的方式多种多样，按照融合特征的抽象程度可分为浅层特征融合和深层特征融合，例如多模态的输入特征融合[6]或者决策级融合[7]。特征融合的方式也多种多样，例如相加融合，拼接融合，差分融合等。经过实验分析之后，本章选择通过逐元素求和操作将每个分支输出的两个并行 $1D$ 特征进行融合，之后再进行特定的定位和分类预测任务。

3.3　实验结果与分析

这一节对本章所提出的算法进行了实验验证。首先介绍本章实验所采用的实验设备、实验数据和实验参数，接着通过与其他先进模型的对比和消融实验证明了所提方法的合理性和有效性，最后展示可视化的对比结果，通过更加直观的检测结果分析阐明本章算法的优越性。

3.3.1　实验设置

本章所有实验均采用了同样的实验设备，具体信息如下：操作系统为 CentOS Linux7，内存为 32 GB，中央处理器型号为 i5-6600k CPU@3.50 GHz，图形处理器为 Titan XP 12 GB。本章基于 Torchvision[8]检测模块对 GCA R-CNN 进行搭建和端到端训练。对于模型优化策略，GCA R-CNN 采用了

SGD 和权重衰减(Weight Decay)来进行梯度更新和防止过拟合。除特殊说明，本章均采用在 ImageNet 上预训练的 ResNet-50 作为骨干网络进行特征提取。同时遵循惯例，本章不仅在 COCO 和 Cityscapes 两个数据集上与其他先进方法进行了对比实验，同时还在 COCO 的验证集上进行了消融实验。COCO 数据集输入图像的大小被调整到宽度为 800，长度小于或等于 1333。本章采用的初始学习率为 0.0025，共迭代训练整个数据集 24 次，并且在训练至第 16 次和 22 次时分别将学习率降低为原来的十分之一。同时，为了增加数据的多样性，本算法采用了随机反转的方式对输入图片进行了数据扩充。此外，对于 Cityscapes 数据集，本章共迭代训练整个数据集 64 次，并且在训练至第 48 次时将学习率降低为原来的十分之一，其他参数设置与 COCO 数据集一致。

3.3.2　与其他先进方法的对比实验

为了对比说明本章方法的优越性，笔者以 FPN 为基线方法进行了改善优化，通过在其之上部署所提出的方法来提升模型的检测性能。同时，本节不仅与其他先进方法进行了直接对比，还将本章提出的 GCA R-CNN 进一步部署在比 FPN 更强大的 Double Head R-CNN 上来进一步验证本章方法的泛化性和可移植性。

1. COCO 数据集上的实验结果

表 3.1 展示了本章算法与其他先进算法在 COCO 测试数据集上的对比结果。从对比结果可以看出，在 Double Head R-CNN 上部署本章的算法可以获得相对最佳的性能表现。同时，与 FPN 基线方法相比，在 IoU 阈值为 0.5 和 0.75 的条件下，本章所提出的 GCA R-CNN 可以获得 1.1%的性能提升。当采用更严厉的 IoU 性能均值评估体系下(即[0.5:0.95:0.05])，GCA R-CNN 依然能获得 0.9%的性能提升。并且从表 3.1 中的对比结果可以看出在 Double Head R-CNN 上部署 GCA 之后所有的评估指标均得到了稳步的性能提升。由此定量的对比分析结果可以看出本章设计的算法切实可行并且性能优异。

表 3.1　在 COCO 测试数据集上的目标检测对比结果 (%)

方法	Backbone	AP	AP^{50}	AP^{75}	AP^s	AP^m	AP^l
Deep Regionlets[9]	ResNet-101	39.3	59.8	—	21.7	43.7	50.9
Mask R-CNN[10]	ResNet-101	39.8	62.3	43.4	22.1	43.2	51.2
IOU-Net[11]	ResNet-101	40.6	59.0	—	—	—	—
Soft-NMS[12]	Inception-ResNet	40.9	62.8	—	23.3	43.6	**53.3**
LTR[13]	ResNet-101	41.0	60.8	44.5	23.2	44.5	52.5
Fitness NMS[14]	ResNet-101	41.8	60.9	44.9	21.5	45.0	57.5
FPN[15]	ResNet-101	39.1	60.5	42.4	22.0	42.2	49.3
GCA(本章算法)	ResNet-101	40.0	61.6	43.5	22.8	43.2	50.3
Double-Head[16]	ResNet-101	41.6	62.0	45.7	23.8	44.8	52.7
Double-Head(使用 GCA)	ResNet-101	**42.1**	**63.0**	**45.9**	**24.4**	**45.2**	53.2

2. Cityscapes 数据集上的实验结果

接下来，为了研究本章方法的泛化性，在 Cityscapes 数据集上进行了实验验证。从表 3.2 的对比结果可以观察到，在 Cityscapes 数据集上，本章方法获得了比 FPN 基线方法更好的 AP 值(+1.2%的性能增益)，这进一步说明了本章方法的稳健性。特别地，本章方法对难检测的小物体更有效，其性能比 FPN 基线高 2.4%。这是因为 Cityscapes 数据集的输入图像分辨率高于 COCO 数据集，因此所提方法可以捕获更详细的上下文信息。

表 3.2　在 Cityscapes 数据集上的实验结果 (%)

方法	AP	AP^{50}	AP^{75}	AP^s	AP^m	AP^l
D_SCNet-127[17]	34.5	—	—	—	—	—
BlitzNet[18]	**38.5**	—	—	—	—	—
基线方法	36.2	63.6	34.8	10.6	30.9	51.3
本章方法	37.4	**63.8**	**38.2**	**13.0**	**31.9**	**52.2**

3.3.3　消融分析实验

上一小节验证了本章方法整体的有效性，本小节将通过消融实验对比说明本章方法中每一个模块的有效性和相关参数的选择依据。GCA R-CNN 共包含跨尺度上下文级联、全局上下文感知和特征融合三个模块。在跨尺度上下文级联模块中，本章方法设计了自顶向下的多尺度特征图密集连接方式来促进尺度间的信息流动，并且在每个阶段添加了不同数量的卷积层来进行降采样。同时，在特征级联之前利用自适应平均池化层将输入的全局特征 $\{P2,P3,P4,P5\}$ 成比例地缩放至 $M \times N$ 以减少计算量。因此，本小节对于跨尺度上下文级联模块进行了密集连接、缩放大小、卷积核大小和连接方向四个方面的对比实验。在全局上下文感知模块中本章利用注意力机制将全局上下文信息与局部感兴趣特征进行了融合，并且在注意力模块中利用挤压-激发的方式进行了全局特征编码。因此，本小节对于全局上下文感知模块进行了特征融合方式和挤压-激发过程中特征压缩率两个方面的对比分析实验。同时，本章的消融实验采用了递进式的模块叠加消融实验方式，即后续的实验采用了之前对比过的模块设计。

1. 密集连接的对比实验

表 3.3 展示了是否密集连接 $\{P2, P3, P4, P5\}$ 不同阶段特征图对目标检测性能的影响。需要注意的是，在此实验中并未使用注意力模块并且设定 $(M \times N)$ 为 $(64, 96)$。具体地，为了进一步编码局部感受野和全局信息，本章方法利用全局平均池化层将 $\{G2, G3, G4, G5\}$ 直接压缩为 $1D$ 的特征，同时在其和大小为 $256 \times 7 \times 7$ 的裁剪特征之后均连接一个输出维度为 512 的 FC 层。最后将这两种特征沿通道维度拼接后进行分类和定位任务。从表 3.3 的结果可以看出，使用密集连接可以促进全局上下文在不同阶段的信息流动，从而提升模型的性能。与 FPN 基线方法相比，添加全局上下文密集连接可以取得 1% 和 2% 的 AP 和 AP^{50} 的性能增益。

表 3.3　密集连接对模型性能的影响 (%)

方法	AP	AP^{50}	AP^{75}
基线方法	36.8	58.0	40.0
密集连接	**37.8**	**60.0**	**40.6**

2. 特征图缩放尺度的对比实验

表 3.4 展示了在跨尺度上下文级联模块中设定不同大小的特征图缩放

尺度对模型性能的影响。假设本章将缩放特征图($M \times N$)大小设定为(128,192)，那么{$P2$, $P3$, $P4$, $P5$}对应的池化大小分别为{128,192 × 1/8,1/4,1/2,1}。众所周知，较大的输入特征图大小会增加模型的计算量。因此，为了更好地平衡目标检测模型的性能和计算负担，本章方法探索了不同的缩放尺度。从表 3.4 的对比结果可以看出模型的检测精度并不会随着输入特征图尺寸的扩大而增长，(64,96)的特征图大小能够使网络获得更好的平衡。

表3.4　特征图尺度对模型性能的影响 (%)

缩放尺度	AP	AP^{50}	AP^{75}
(128,192)	37.8	60.0	40.6
(64,96)	**38.0**	**60.1**	**41.0**
(32,48)	37.8	59.7	40.9
(16,24)	37.7	59.7	40.2

3. 卷积核大小的对比实验

在跨尺度上下文级联模块中，本章方法使用了{3,2,1,0}个下采样块来对{$P2$, $P3$, $P4$, $P5$}缩放尺寸后获得的四个分支特征图继续下采样。这些下采样块是由 3 × 3 卷积层和 ReLU 激活函数组成，而对于卷积层来说，不同大小的卷积核拥有不同范围的感受野。因此，笔者分别测试了使用不同大小的卷积核对模型性能的影响。具体地，本小节分别将卷积核大小设置为{1,3,5}进行了分析。对于卷积核大小为 1 的情况，笔者额外添加了步长为 2 的最大池化层来进行下采样。结果如表 3.5 所示，从表中可以看出当卷积核大小为 3 时模型可以取得最好的效果，因此本章的后续实验均采用此大小作为默认参数。

表3.5　不同卷积核大小对性能的影响 (%)

卷积核大小	AP	AP^{50}	AP^{75}
1	37.8	59.2	40.9
3	**38.2**	**59.9**	**41.0**
5	38.1	**59.9**	40.7

4. 级联方式的对比实验

本章方法在瓶颈特征金字塔网络中采用了自顶向下的方向来进行多尺

度特征级联。同样，自底向上也是一个可供选择的级联方向。虽然只是连接方向发生了变化，但是需要采用不同的卷积方式才能满足自底向上特征融合的尺寸要求。因此，本小节将跨尺度上下文级联模块中使用的 3×3 卷积层替换为了反卷积层来进行特征上采样从而实现自底向上的级联。从表 3.6 的结果可以看出自顶向下的级联方式能够取得更好的模型精度，这是因为自顶向下的级联路径是一个低级特征不断凝练的过程，模型可以从底层特征中提取出更有效的全局信息，而自底向上的级联需要将尺度较小的高级特征进行上采样，可能引入一些噪声信息影响模型的决策。因此，本章后续的实验将默认采用自顶向下的融合路径。

表 3.6   级联方式对性能的影响 (%)

级联方式	AP	AP^{50}	AP^{75}
自底向上	37.4	58.7	40.2
自顶向下	**38.2**	**59.9**	**41.0**

5. 融合方式的对比实验

本章方法设计了全局上下文感知模块来学习全局信息和局部特征之间的隐含关系。同时，为了更好地融合全局上下文语义特征和局部感兴趣特征，本小节继续探索了几种不同的融合方式进行对比分析。具体地，如图 3.4 所示，共设计了四种不同的融合位置选择方案。第一种如图 3.4(a) 所示，直接将注意力模块输出的 256 维特征与大小为 256×7×7 的目标候选特征相乘，这种方式记作方案一。第二种如图 3.4(b) 所示，在方案一的基础上增加了一个 FC 层将注意力模块输出的 256 维特征扩展为 1024 维，并将其与任务解耦之前的第一个 FC 层进行了相加融合，这种方式记作方案二。方案三如图 3.4(c) 所示，与方案二相似，只是将扩展后的特征与第二个 FC 层进行了融合。方案四如图 3.4(d) 所示，是方案三与方案二的组合，其采用了两个分支对注意力输出特征进行了扩展并分别将其与任务解耦之前的共享的第一个和第二个 FC 层进行了相加融合。最后的结果如表 3.7 所示，从对比结果可以看出方案一获得了最佳的 AP 值，比 COCO 标准 AP 指标的 FPN 基线高出 1.4%。因此，本章的算法设计选择了方案一。

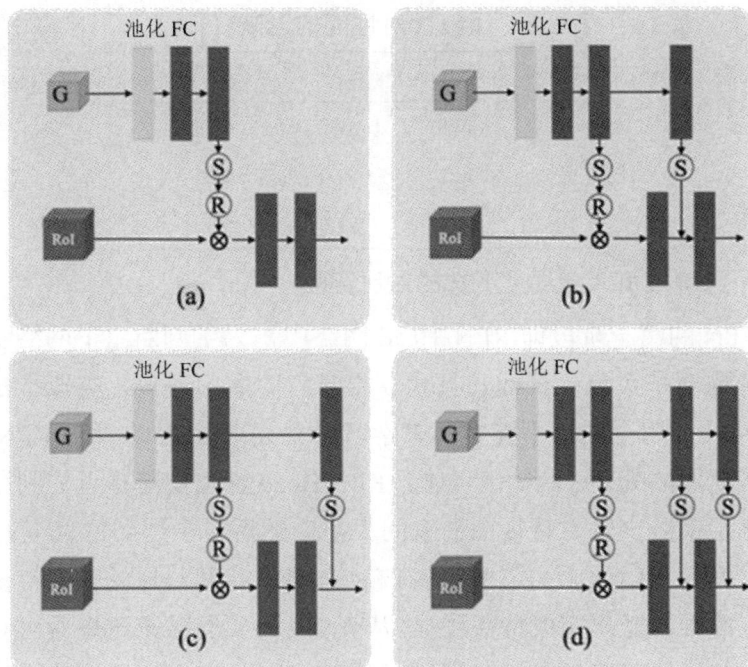

图 3.4　不同的特征融合方式设计

表 3.7　特征融合方式对性能的影响 (%)

融合方式	AP	AP50	AP75
基线方法	36.8	58.0	40.0
方案一	**38.2**	**59.9**	**41.0**
方案二	37.7	59.5	40.3
方案三	37.7	59.2	40.6
方案四	37.9	59.4	40.9

6. 压缩比的对比实验

本章在全局上下文感知模块中使用了挤压-激发式的注意力模块对全局上下文语义进行编码，而挤压-激发特征表达方式需要以一定的比例对输入特征进行压缩，这里的压缩比决定了中间态特征表达空间的大小，不同的压缩比也会对激发后的特征表达能力产生影响。因此，作者探索了不同压缩比对模型性能的影响。结果如表 3.8 所示，当压缩比为 8 时模型的检测性能最佳，因此在本章最终的实验中默认使用了这一参数。

表 3.8   压缩比对性能的影响 (%)

压缩比	AP	AP^{50}	AP^{75}
4	37.8	59.7	40.5
8	**38.2**	**59.9**	**41.0**
16	37.9	59.6	40.6

7. 不同阶段引入全局上下文的对比实验

在 FPN 的第一阶段即 RPN Head 网络中, 为了判断主干网络不同阶段预测的锚框是否包含目标并且获取相对应的回归系数, 类似于在 RoI Head 网络中利用全局上下文特征来学习隐含关系信息,本章对 RPN Head 也进行了类似的处理。具体地, 对于 RPN Head 输出的特征首先利用全局平均池化层来减少输入特征图的空间大小, 然后对于得到的1D特征利用输入输出维度相同的 FC 层进行特征精炼,最后将其与原始输入特征进行通道维度的乘法操作完成特征校准。从表 3.9 的实验结果可以看出利用全局上下文特征对模型的第一阶段特征进行校准能够进一步提升模型的检测性能, 这也证明了全局上下文信息的重要性。

表 3.9   在不同阶段引入全局上下文对模型性能的影响 (%)

全局上下文	主干网络	AP	AP50	AP75	APs	APm	APl
基线方法	ResNet-50	36.8	58.0	40.0	21.2	40.1	48.8
GCA(仅第二阶段)	ResNet-50	38.2	59.9	41.0	22.7	42.0	49.0
GCA(本章算法)	ResNet-50	38.3	60.1	41.0	22.9	41.8	49.2
基线方法	ResNet-101	39.1	61.0	42.4	22.2	42.5	51.0
GCA(仅第二阶段)	ResNet-101	39.7	61.0	43.3	23.0	43.7	51.3
GCA(本章算法)	ResNet-101	**40.0**	**61.5**	**43.4**	**23.5**	**43.9**	**52.4**

8. 轻量化设计的对比实验

本章算法还进一步进行了轻量化设计。具体地, 对于第一阶段的 RPN Head 网络中的特征校准, 采用 1×1 的卷积层代替了新添加的 FC 层。对于第二阶段 RoI Head 中全局特征的获取, 直接利用全局平均池化层来获取特征金字塔 $\{P2, P3, P4, P5\}$ 的全局统计信息, 然后通过元素级别的相加运算进行融合, 并且只保留了一个全局上下文感知模块来对融合后的全局特征进行精炼，最后使用输出的全局描述符对 RoI 特征进行校准。从表 3.10 的结果可以看出，相比于 FPN 基线方法，本章算法的轻量化版本可以在保持相似的前向推理速度的同时获得 0.8%的性能增益。

表 3.10　轻量化版本性能对比 (%)

方　法	主干网络	AP	AP^{50}	AP^{75}	FPS
基线方法	ResNet-50	36.8	58.0	40.0	**16.3**
GCA R-CNN	ResNet-50	**38.3**	**60.1**	**41.0**	13.1
GCA(轻量化版本)	ResNet-50	37.6	59.3	40.7	16.1

3.3.4　可视化结果分析

图 3.5 展示了一些具体的可视化结果示例。从这些结果的比较中可以看出，本章方法可以有效提高目标检测器的性能并获得更好的定位和分类结果，例如，从第 2 列的第 1 和第 2 张对比可以看出，GCA R-CNN 可以检测出三个皮球，而基线方法只能检测出一个皮球。然而，也可以从最后一行的示例中观察到，本章方法在前景和背景色调相似的场景中改进有限，未来需要进行进一步探索。

图 3.5　可视化结果对比分析(第 1、3 行是基线方法 FPN 的检测结果，

第 2、4 行是本章方法的检测结果)

本 章 小 结

本章针对两阶段目标检测模型难以在检测实例级别的局部特征时利用全局语义的问题进行了研究，并提出了可感知全局上下文的级联金字塔网络 GCA R-CNN，其不仅可以促进多尺度特征之间的信息流动，还能够学习全局语义与感兴趣局部区域之间的关系。同时，通过在 COCO 和 Cityscapes 数据集上的对比实验说明了本章算法设计的有效性和优越性。

参 考 文 献

[1] BELLO I, ZOPH B, VASWANI A, et al. Attention augmented convolutional networks[C]//Proceedings of the IEEE/CVF International Conference on Computer Vision.Seoul, South Korea: IEEE, 2019: 3286-3295.

[2] TANG X, DU D K, HE Z, et al. Pyramidbox: A context-assisted single shot face detector[C]//Proceedings of the European Conference on Computer Vision (ECCV). Munich, Germany: 2018: 797-813.

[3] LIN X, MA L, LIU W, et al. Context-gated convolution[C]//Proceedings of the 16th European Conference on Computer Vision.Glasgow, UK: Springer, 2020: 701-718.

[4] SI J, ZHANG H, LI C G, et al. Dual attention matching network for context-aware feature sequence based person re-identification[C]//Proceedings of the IEEE Conference on Computer Vision and Pattern Recognition.Salt Lake City, UT, USA: IEEE, 2018: 5363-5372.

[5] HU J, SHEN L, SUN G. Squeeze-and-excitation networks[C]//Proceedings of the IEEE Conference on Computer Vision and Pattern Recognition. Salt Lake City, UT, USA: IEEE, 2018: 7132-7141.

[6] CHEN X, MA H, WAN J, et al. Multi-view 3d object detection network for autonomous driving[C]//Proceedings of the IEEE conference on

Computer Vision and Pattern Recognition.Honolulu,HI,USA:IEEE, 2017: 1907-1915.

[7]　PANG S, MORRIS D, RADHA H. CLOCs: Camera-LiDAR object candidates fusion for 3D object detection[C]//2020 IEEE/RSJ International Conference on Intelligent Robots and Systems (IROS). Las Vegas,NV,USA: IEEE, 2020: 10386-10393.

[8]　PASZKE A, GROSS S, MASSA F, et al. Pytorch: An imperative style, high-performance deep learning library[J]. Advances in Neural Information Processing Systems, 2019, 32.

[9]　XU H, LV X, WANG X, et al. Deep regionlets for object detection[C]//Proceedings of the European Conference on Computer Vision (ECCV). Munich, Germany:Springer, 2018: 798-814.

[10]　HE K, GKIOXARI G, DOLLÁR P, et al. Mask r-cnn[C]//Proceedings of the IEEE International Conference on Computer Vision.Venice,Italy:IEEE, 2017: 2961-2969.

[11]　JIANG B, LUO R, MAO J, et al. Acquisition of localization confidence for accurate object detection[C]//Proceedings of the European Conference on Computer Vision (ECCV). Munich, Germany:Springer, 2018: 784-799.

[12]　BODLA N, SINGH B, CHELLAPPA R, et al. Soft-NMS--improving object detection with one line of code[C]//Proceedings of the IEEE International Conference on Computer Vision. Venice,Italy:IEEE, 2017: 5561-5569.

[13]　TAN Z, NIE X, QIAN Q, et al. Learning to rank proposals for object detection[C]//Proceedings of the IEEE/CVF International Conference on Computer Vision.Seoul, South Korea:IEEE, 2019: 8273-8281.

[14]　TYCHSEN-SMITH L, PETERSSON L. Improving object localization with fitness nms and bounded iou loss[C]//Proceedings of the IEEE Conference on Computer Vision and Pattern Recognition. Salt Lake City, USA: IEEE, 2018: 6877-6885.

[15]　LIN T Y, DOLLÁR P, GIRSHICK R, et al. Feature pyramid networks for

object detection[C]//Proceedings of the IEEE Conference on Computer Vision and Pattern Recognition.Honolulu,HI,USA:IEEE, 2017: 2117-2125.

[16]   WU Y, CHEN Y, YUAN L, et al. Rethinking classification and localization for object detection[C]//Proceedings of the IEEE/CVF Conference on Computer Vision and Pattern Recognition.Seattle, WA,USA:IEEE,2020: 10186-10195.

[17]   HU S, LIU C H, DUTTA J, et al. Pseudoprop: Robust pseudo-label generation for semi-supervised object detection in autonomous driving systems[C]//Proceedings of the IEEE/CVF Conference on Computer Vision and Pattern Recognition.New Orleans,LA,USA:IEEE, 2022: 4390-4398.

[18]   DVORNIK N, SHMELKOV K, MAIRAL J, et al. Blitznet: A real-time deep network for scene understanding[C]//Proceedings of the IEEE International Conference on Computer Vision.Venice,Italy:IEEE, 2017: 4154-4162.

第 4 章　基于特征增强与关系推理的
目标检测网络

本章主要研究了目标检测算法头网络难以学习物体隐含交互关系的问题。第一节介绍了研究背景，研究动机和方法概述；第二节介绍了本章提出的基于特征增强和关系推理的检测头网络；第三节进行了实验验证及对比分析；最后对本章进行了总结。

4.1　引　　言

4.1.1　研究背景

目标检测是自动驾驶、人脸识别和智能分析系统等多个任务的上游基础任务。如前面章节所述，现有的目标检测网络结构可以分为单阶段和两阶段两类。单阶段方法结构简单并且速度较快，其直接在主干网络捕获的特征图上进行密集检测(如图 4.1(a)所示)。而两阶段方法可以通过对候选预测框两次微调获得更高的准确率(如图 4.1(b)所示)，但是其也因为更多的人工设计组件导致网络更为复杂。这两种方法还有一个明显的区别是，两阶段方法在 RoI Head 部分是对单个实例进行处理，因此缺少物体间的信息交互。整体来说，单阶段方法的全卷积网络结构可以更好地利用前景与背景及不同实例对象的关系信息来提高其检测精度，而两阶段方法区域级别

(Region-Wise)方式的检测流程则弱化了学习这些依赖关系信息的能力。因此,本章希望利用特征增强和关系推理来加强两阶段方法中对这种关系信息的注意力。

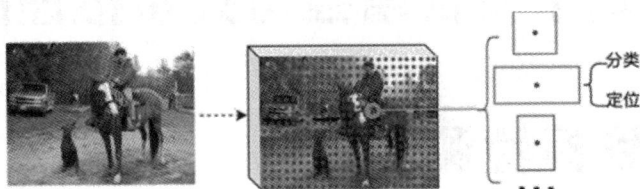

(a) 单阶段方法流程

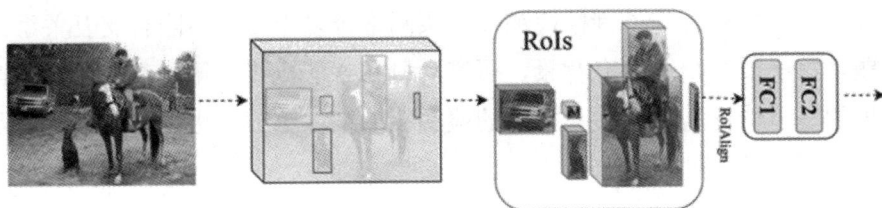

(b) 两阶段方法流程

图 4.1　目标检测框架示意图

　　特征增强已经被证明了是一种有效的学习特征内部隐含模式的方法。Res2Net[1]和 ResNest[2]等通过跳跃连接和恒等映射来避免在较深的卷积神经网络训练过程中出现的模型精度退化的问题。MobileNet 和 ShuffleNet 则利用深度可分离和组卷积等卷积方式构建高效的特征增强模块来进一步减少计算量, 以适用于计算资源受限的嵌入式应用场景。SENet 和 ECANet[3]等方法通过学习特征通道或者空间上的交互关系来抑制无效的特征并对重要特征进行增强。Non-local[4]和 Deformable Conv[5]等方法通过非受限特征感知方式来建模长距离特征间的依赖关系。然而, 上述方法多用在分类和语义分割网络中, 或者是在目标检测模型的骨干网络中来进行特征增强, 对于两阶段方法中的头部网络应用比较少, 而本章算法证明了通过维度转换同样可以利用这种卷积操作来增强实例内部的特征。

　　同样地, 学习不同类型的关系信息已经被许多研究证实可以增强深度网络的预测能力。文献[6]提出了 Relation Network 用于关系推理, 其利用可学习的神经网络模块来找出任意二元对象之间的潜在关系。文献[7]提出了关系蒸馏网络来学习视频流时空上下文中的对象交互关系，并利用这种关系信息增强参考帧中候选目标的特征。文献[8]通过构建可学习的距离矩阵来进行相似度关系判别，从而利用先验知识实现元学习。文献[9]提出了图关系网络来探索学习样本之间的领域语义关系，然后利用这种关系将样本嵌入到不同的度量空间对其进行聚类。文献[10]提出了跨媒体多级对齐策略，分别建模图像和文本之间的全局、实体以及实体关系三个级别的对应关系。文献[11]提出了目标关系模块来对所有对象实例进行联合推理。通过对上述文献的介绍可以看到不论在自然语言处理还是计算机视觉领域，对于目标对象之间隐含关系的利用都可以不同程度地提升网络性能。但是，对于这种关系信息的探索往往需要复杂的网络结构，这也将导致网络参数量和计算资源占用的大量增加。所以，本章算法利用卷积神经网络参数共享的优点建立了一个即插即用的轻量化关系推理模块，通过挖掘不同实例对象之间的交互关系来增强网络的判断能力。

4.1.2　研究动机

从图 4.1(b)可以看出，两阶段方法在获取到感兴趣区域集合之后对单个实例对象进行分类和定位。其直接将得到的感兴趣区域在 Batch 维度进行排列，因此对于后续的特征编码仅局限于从完整特征图上裁剪后的局部区域。如此处理的主要目的是避免特征图中背景噪声对后续特征编码的干扰，从而让模型更加聚焦于物体自身。但是这种一对一的处理也破坏了整幅图像原始的空间关系。同时，在以 Faster R-CNN 为代表的两阶段检测头网络处理流程中其将获取的局部感兴趣特征量化为一个 $1D$ 的特征张量，这样不仅对其特征表达空间和表达能力产生了限制和约束，而且，由于需要采用 FC 层来编码平坦化后的 $2D$ 特征，模型的参数量也极大增加了。

以上问题将会造成两阶段方法在后期缺少两种类型的信息交互：① 局部裁剪信息与全局背景信息的交互；② 不同实例之间的信息交互。而这两种信息都会影响网络的检测能力。同时，本章还通过实验证明了在两阶段方法 RoI Head 中通过学习实例内部相邻特征的关系可以增强特征的表达能力。因此，本章也得出一个结论，即③ 实例之间还缺少自相关信息的交互。

综上, 本章分别对以上三个问题进行了探讨, 并且提出了一种新型的轻量化目标检测网络。

4.1.3　方法概述

　　基于上一小节的分析, 本章分别对以上两阶段目标检测方法存在的三个问题进行了探索, 并且提出了一种更紧凑的目标检测头网络, 如图 4.2 所示, 记作 CODH(A More Compact Object Detector Head)。具体地, 针对前景和背景交互信息缺失的问题, 本章将骨干网络提取到的特征金字塔进行融合后,利用 ECANet 中提出的轻量级注意力机制对裁剪得到的 RoI 特征进行校准, 这也是对第三章工作的扩展。同时, 对于如何学习实例内部自相关交互特征的问题, 提出了自相关特征增强模块。首先, 将每个实例的 $1D$ 特征转化到 $2D$ 以便于在多维空间内通过卷积操作来学习邻域特征的相关性, 这样的操作不仅可以利用卷积参数共享的优点, 还便于对邻域特征进行运算, 然后利用类似于反残差的结构将实例特征嵌入到更大的度量空间进行自相关特征增强, 最后通过元素级别相加与输入特征相融合。而如何建立实例间的交互信息则是问题② 的一个正交问题, 本章提出了互相关推理模块, 通过将输入的实例特征进行转置来学习实例间的交互信息。同时, 本章提出了空间缩减模块对 RoIAlign 之后的特征进行了进一步压缩, 从而极大地减少了网络头部的参数量和计算量。

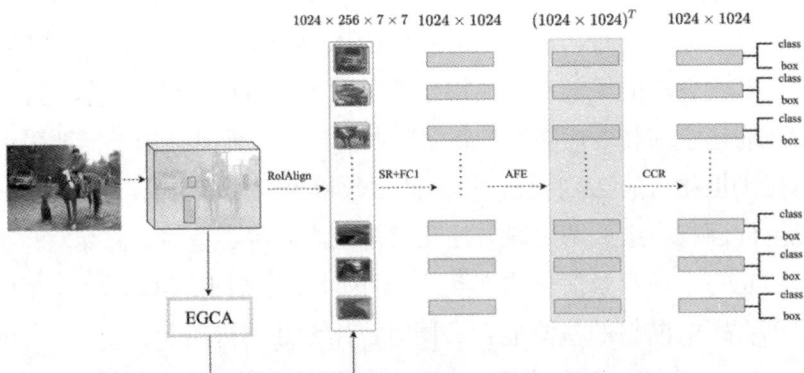

图 4.2　CODH 算法流程

同时，本章提出的 CODH 具有很好的泛化性能，它可以部署在包括 Faster R-CNN、Libra R-CNN、Double Head R-CNN 和 Cascade R-CNN 等多个流行的检测器上，并且，实验结果证明，本章提出的 CODH 不仅可以有效地提升两阶段方法目标检测的性能，还能降低网络的参数量。

4.2　具有特征增强和关系推理能力的 RoI Head 网络

4.2.1　网络整体结构

CODH 包含六个新提出的模块：增强的全局上下文感知(Enhanced Global Context Awareness，EGCA)模块；轻量化的高效通道注意力(Lightweight and Efficient Channel Attention，LECA)模块；空间缩减(Spatial Reduction，SR)模块；通道缩减(Channel Reduction，CR)模块；自相关特征增强(Autocorrelation Feature Enhancement，AFE)模块和互相关关系推理(Cross-Correlation Reasoning，CCR)模块。其中，EGCA 负责从金字塔特征中利用 LECA 模块提取全局特征描述符，然后利用这些全局语义线索来校准实例级的 RoI 特征，用以抑制杂乱的背景信息并且突出鉴别性特征。LECA 模块采用了 ECA 的特征提取策略，具体请参考 4.2.2 节了解其与 ECA 模块的区别。接着，校准后的特征被发送到 SR 模块用于在空间维度上进行压缩，通过进一步精炼 RoI 特征以减少后续 FC 层的计算开销。同时，在 SR 模块之后，可以选择性使用 CR 模块进一步在通道维度上压缩 RoI 特征。但是为了达到更好的精度和复杂度平衡(如表 4.9 所示)，最终的模型中并没有使用 CR 模块。此外，在第一个 FC 层之后，原始的 2D 特征被映射为 1D 张量，这极大缩减了 RoI 的特征表达空间，而 AFE 可以通过有效的维度转换和特征空间扩大来增强每个 1D 的 RoI 内部特征交互，使其能够产生更丰富的特征。最后，CCR 模块可以帮助检测器通过推断不同 RoI 之间的关系来做出更准确的预测。

4.2.2   增强型全局上下文感知模块

在第 3 章的 GCA R-CNN 中笔者提出利用密集连接和四个平行的全局上下文感知模块来缓解 FPN 中缺乏全局信息的问题，但是这样的设计也增加了模型的参数量和计算开销。

因此，受 ECA 网络的启发，本章建立了一个更加轻量化的增强型全局上下文感知模块，如图 4.3 所示。具体地，首先将特征金字塔中的 $\{P2, P3, P4, P5\}$ 分别通过全局平均池化层来进行初步的全局上下文凝练，其可以在保留全局信息的同时减少计算资源占用。然后将它们进行相加融合得到全局特征描述符 $GF \in \mathbb{R}^{1\times1\times c}$，其第 c 个通道的元素可由下式计算：

$$GF_c = \sum_{l=2}^{l=5} F_{pool}\left(P^l\right) = \sum_{l=1}^{l=4} \sum_{n=1}^{c} \left(\frac{1}{H_l \times W_l} \sum_{i=1}^{H_l} \sum_{j=1}^{W_l} P_c^l\left(i,j\right) \right) \tag{4.1}$$

其中，P^l 代表特征金字塔中的第 l 层，$F_{pool}(\bullet)$ 代表全局平均池化操作。然后利用 LECA 模块对全局特征描述符 GF 进行进一步的特征精炼。在 LECA 模块中首先对 GF 进行了维度变换，然后利用 1D 卷积来进行通道特征交互得到全局注意力特征 ω：

$$\omega = \sigma\left(C1D_k\left(GF\right)\right) \tag{4.2}$$

其中，$\sigma(\bullet)$ 代表 Sigmoid 函数，$C1D_k(\bullet)$ 代表卷积核大小为 k 的 1D 卷积，那么 ω 第 i 个元素可由下式计算：

$$\omega_i = \sigma\left(\sum_{j=1}^{k} w_i^j GF_i^j\right), GF_i^j \in \Omega_i^k \tag{4.3}$$

其中，Ω_i^k 代表 GF_i 的 k 个相邻通道的集合，最后将得到的全局上下文信息与局部特征 $LF \in \mathbb{R}^{7\times7\times c}$ 进行通道相乘来进行特征校准，得到输出特征 LO_c：

$$LO_c\left(i,j\right) = \omega_i \times LF_c\left(i,j\right) \tag{4.4}$$

值得注意的是，不同于 ECA 模块的 2D 图片级特征输入，EGCA 中的输入特征是 1D 全局特征融合向量，并且 EGCA 也不需要与模块的输入特征相乘。

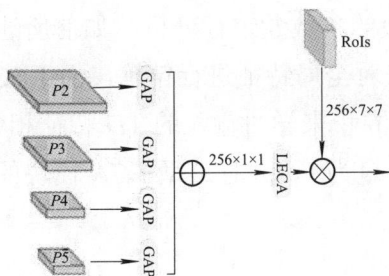

图 4.3　EGCA 模块结构示意

EGCA 的结构设计与 ECA 和 SE 模块不同。如图 4.4(a)所示，SE 模块采用了注意力机制来捕获全局特征描述符，并使用了两个 FC 层来对全局特征进行编码。而 ECA 模块(如图 4.4(b))是 SE 模块的轻量化版本，使用了 1D 卷积代替原始的 FC 层来学习局部的跨通道信息交互和减轻计算负担。受此启发，如图 4.4(c)所示，在 EGCA 模块中使用了类似于 ECA 的线性全局信息编码方式。虽然如此，本章的方法在以下方面与 ECA 的自注意力模块有很大不同：① 输入不同。ECA 模块的输入是之前卷积层输出的 2D 张量，而 EGCA 的输入是由金字塔特征提取到的 1D 全局上下文信息；② 职能不同。ECA 采用的是自注意力机制，其可以被当作常用地特征增强方法来突出输入特征中的判别区域。因此，其可以即插即用地嵌入到其他卷积操作中。相比之下，EGCA 需要从全局金字塔特征中抽取图片级语义信息，然后将这种语义信息引入到实例级别的 RoI 特征中，利用全局语义线索来指导模型作出更可靠的决策。因此，EGCA 是一个为检测头网络定制的特定任务模块，而不能应用到一般的卷积操作中。

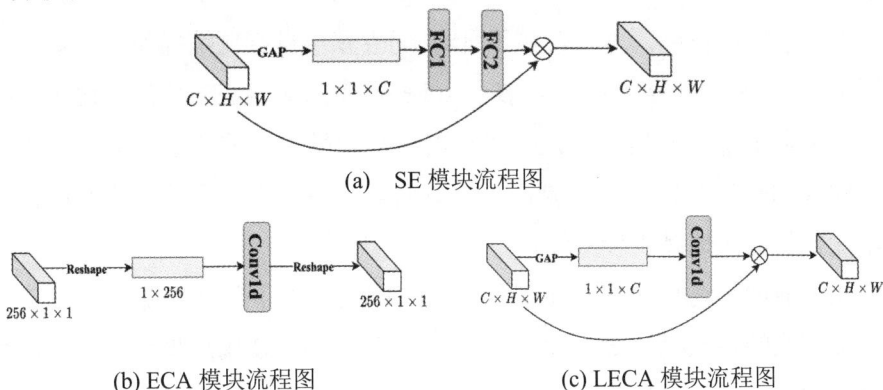

(a)　SE 模块流程图

(b) ECA 模块流程图　　　　　　　　(c) LECA 模块流程图

图 4.4　LECA 与 SE、ECA 模块对比

最后对 EGCA 模块的参数量进行分析。如前所述，EGCA 模块仅使用了一个 LECA 模块来对全局特征进行精炼，而 LECA 模块仅使用一个卷积核大小为 k 的 1D 卷积来学习输入的 1D 特征相邻元素之间的关系，所以 LECA 模块的参数量为 k，并且遵循 ECA 模块的设定，在本章中设置 $k = 5$。

4.2.3　空间压缩和通道压缩模块

在 FPN 的头网络中，经过 RoIAlign 对齐操作之后，每一个 RoI 的大小都被归一化为 $256 \times 7 \times 7$，接着使用了两个 FC 层对其进行进一步的编码。然而，值得注意的是，相比于头网络中第二个 FC 层的参数量（$(1024 \times 1024 \approx 1\,\mathrm{M})$），第一个 FC 层有着巨大的参数量（$256 \times 7 \times 7 \times 1024 \approx 12.8\,\mathrm{M}$），这也使得 FPN 的头部网络的复杂度骤增。针对这个问题，本章算法对 RoIAlign 对齐之后的特征张量分别进行了空间和通道维度的压缩以减少 FC1 层的参数量。同时，本章算法定义了空间压缩因子 $\alpha(\alpha \geqslant 1)$ 和通道压缩因子 $\beta(0 \leqslant \beta \leqslant 1)$）来控制压缩率，这也意味着压缩后 RoI 的特征空间大小为 $\beta \times 256 \times \alpha \times \alpha$。具体地，为了加强通道间的特征交互和减少参数量，空间缩减操作首先需要将 $256 \times 7 \times 7$ 的特征尺度转变为 256×49，然后利用卷积核大小为 k'，步长为 s 的 1D 卷积层来完成压缩任务，空间压缩后的特征 LF 为：

$$\mathrm{LF} = C1D_{k'}^{s}(\mathrm{LO}) \tag{4.5}$$

而对于通道压缩，本章仅使用 1×1 的卷积层进行压缩操作。在本章的部署中，$k' = 5$，$s = 2$，$\alpha = 5$，$\beta = \mathrm{None}$（这也意味着在主要的对比实验中没有采用通道缩减，这主要是为了精度和复杂度平衡的考量，但是本章的消融实验部分的对比分析也验证了通道缩减作为一个选择项，能够以较低的精度代价有效地减少参数量）。

从上面的描述可知在本章最终的算法中仅使用了空间压缩模块，该空间压缩模块的参数量为 $256 \times 256 \times k'$。另外，如果使用通道压缩模块，其新增加的参数量为 $256 \times \beta \times 256$。而在使用了这两个压缩模块后可以将第一个 FC 层的参数量减少至 $\beta \times \alpha \times \alpha \times 256$。

4.2.4　自相关特征增强模块

如上述小节所分析的情况，FPN 网络架构在分类任务和定位回归任务
解耦之前采用了两个共享的 FC 层来进一步进行实例级别的特征编码。事实
上，这个学习过程其实就是对每个实例内部自相关特征的增强，但是此时
的自相关特征受限于 $1024-D$ 度量空间，这将会降低神经网络的学习能力，
因此需要进一步探索去增强每个特征元素的内部交互。

为了扩展自相关特征的学习空间，如图 4.5 所示，本章引入了一个新的
结构单元并将其命名为 AFE(自相关特征增强模块)。具体地，AFE 首先通过
维度变换操作将实例特征转换到 $2D$ 空间(如图 4.6(a)所示)，然后使用两个
1×1 卷积层来生成更加丰富的特征来增强实例特征的表达能力。需要注意的
是，AFE 在第一个卷积层之后利用 ECA 模块进行了特征校准。

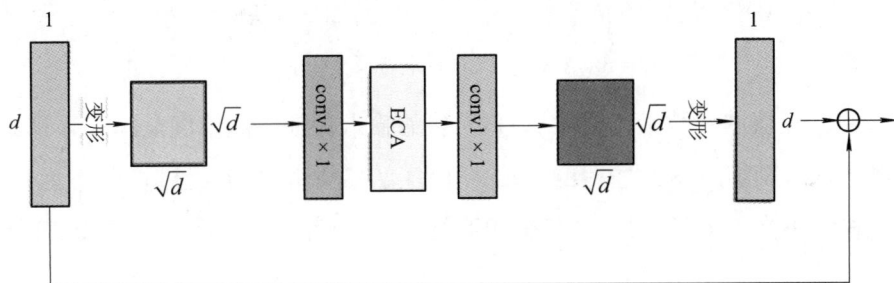

图 4.5　AFE 模块结构示意图

特征增强过程定义如下：

$$x_t = T(x) \tag{4.6}$$

$$x = F_2^{k''}\left(\mathrm{ECA}\left(\delta\left(F_1^{k''}(x_t)\right)\right)\right) \tag{4.7}$$

$$y_{\mathrm{out}} = IT(y) + x \tag{4.8}$$

其中,式(4.6)中的 $x \in \mathbb{R}^{N \times d}$ 代表输入特征, N 和 d 分别代表 RoI 的数量和输入
特征的维度。$T(\bullet)$ 代表维度变换操作。$x_t \in \mathbb{R}^{N \times C \times H \times W}$ 代表维度变换之后的特
征张量,其中, C、H 和 W 分别代表张量的通道维度、高和宽($H = W = \sqrt{d}$)。
在式(4.7)中, F_1 和 F_2 代表两个卷积层,并且上标 k'' 代表卷积核的大小。$\delta(\bullet)$

代表 ReLU 激活函数，ECA 代表 ECA 模块。在 AFE 模块中使用了类似于 MobileNetV2 中压缩率为 r 的反残差卷积模块来激发和压缩输入特征。但是所不同的是，AFE 结构中使用的反残差块并没有使用 3×3 的深度可分离模块，这是因为 AFE 模块的主要职能是建模输入的 $1D$ 特征相邻元素间的关系信息。式(4.8)中的 $IT(\bullet)$ 代表维度反向变换操作，其将输出特征映射回 1024 —D。

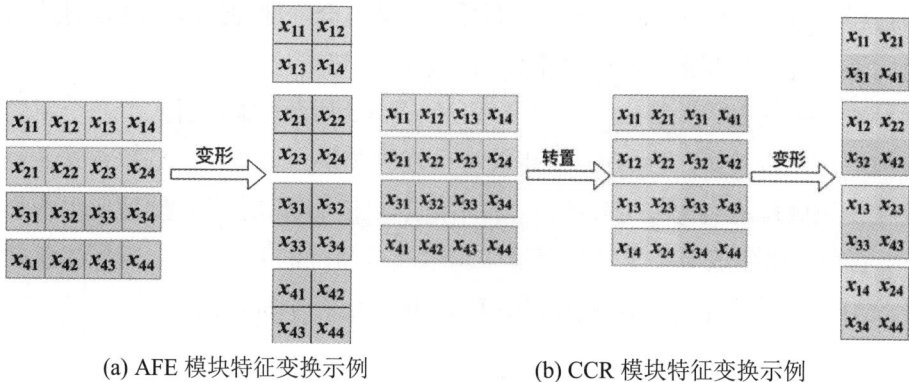

(a) AFE 模块特征变换示例   (b) CCR 模块特征变换示例

图 4.6   AFE 和 CCR 模块特征变换示例

AFE 模块的参数量：假设 AFE 模块的输入特征张量维度是 (N, d)，那么其经过式(4.6)维度变换之后的维度为 $\left(N, 1, \sqrt{d}, \sqrt{d}\right)$。接着经过扩张率为 r，卷积核大小为 k 的卷积层 F_1 后输出张量维度为 $\left(N, r, \sqrt{d}, \sqrt{d}\right)$。因此 F_1 层的参数量为 $k'' \times k'' \times 1 \times r$。此外，ECA 模块中 conv1d 的卷积核大小为 k'''。在此之后，F_2 负责将 $\left(N, r, \sqrt{d}, \sqrt{d}\right)$ 的张量映射回和输入特征同样的维度，即 (N, d)。需要注意的是，式(4.6)和式(4.8)都是维度转换操作，不需要任何参数量。因此，AFE 模块的参数总量由计算可得为 $2 \times k'' \times k'' \times r + k'''$，在本章部署中 $k'' = 1$，$k''' = 3$，$r = 16$，$d = 1024$。

4.2.5   互相关推理模块

如上一小节所述，Faster R-CNN 中最后两个共享的 FC 层其实是对每个实例内部自相关特征的增强，并没有建模实例间的互相关联系。文献[10]

通过将实例特征分别转换为值(Value)、键(Key)和查询(Query)三种不同属性的特征，并且引入几何特征，利用 Transformer 结构来探索实例间的关系。这种方式虽然可以提升网络的性能但是也增加了大量的参数，造成了检测头网络参数量过大的问题。而本章推断只利用候选目标集合自身的特征便可以推理这种实例间交互信息。但是如何更加高效探索这种互相关联系是一个非常值得探索的问题。

在文献[11]中，为了得到键和查询这两种不同属性的特征，使用了 FC 层来对输入特征进行转化，并且在多头注意力中(Multi-Head Attention)中，其通过分组来学习多维度的关系信息，最后还通过一个 1×1 的卷积层将学习到的多维度关系映射到和输入特征相同的维度。由上可知，文献[11]的参数量瓶颈主要来自于 FC 层。相对于 FC 运算来说，卷积方式不仅能够通过参数共享而大大减少所需要的参数量，还可以通过调节卷积核的大小来选择不同尺度的感受野，同时根据感受野的尺度灵活确定所需要学习邻域特征的范围。因此，同 AFE 模块一样，CCR 模块首先将 RoIAlign 裁剪后得到的 $1D$ 候选对象特征转换到 $2D$ 空间，然后利用卷积操作来建模不同实例之间的交互关系。不同之处在于，AFE 模块中的输入特征是 $x \in \mathbb{R}^{N \times d}$，而在 CCR 中希望建模的是 $x(m,i)$ 和 $x(n,i)\big((m,n) \in \mathbb{R}^N, i \in \mathbb{R}^d\big)$ 之间的关系。因此，如图 4.6(b)所示，CCR 可以通过简单的转置变换将输入 x 变换为 $x^{\mathrm{T}} \in \mathbb{R}^{d \times N}$，然后利用同 AFE 模块一样的操作，通过卷积来建模 RoI 邻域之间的关系。因此 CCR 模块相对于 AFE 模块只是在输入之前和最后的输出增加了两个转置操作，即

$$x = x^{\mathrm{T}} \tag{4.9}$$

$$y_{\mathrm{out}} = y_{\mathrm{out}}^{\mathrm{T}} \tag{4.10}$$

相较于 AFE 模块，CCR 模块只是简单增加了两个转置操作，所以 CCR 模块和 AFE 模块的参数量相同，均为 $2 \times k'' \times k'' \times r + k'''$。

4.3 实验结果与分析

本小节介绍了本章实验的评价标准和相关超参数设置，并且对实验过程和结果进行了分析。首先，本章在具有挑战性的 COCO 数据集和 Cityscapes 数据集上，将所提出的 CODH 算法与当前主流的目标检测算法进行了对比分析。接着，对本章提出的方法利用消融实验分析了不同模块对于网络性能的贡献。最后，通过可视化检测结果对比进行了定性分析。

4.3.1 实验设置

本章实验全部基于 MMDetection[12]工具进行搭建，其硬件环境为 Ubuntu 系统，Intel Xeon(R) E5-2630 v3 CPU，32GB RAM 和两个 GeForce RTX 1080 Ti GPU。对于实验参数设置，COCO 数据集上，本章在消融分析实验时均采用了 schedule-1x 的训练策略(即共训练 12 个 epochs)，初始化学习率为 0.005，并且分别在第 8 和第 11 个 epoch 之后以 0.1 的倍率对学习率进行了降低。同时，本章实验默认使用 ResNet50-FPN 作为主干网络，其他的参数设置则使用 MMDetection 中的默认值。需要注意的是，除非特别说明，本章仅在 Faster R-CNN 中的第 2 个共享的 FC 后使用 1 个 AFE 或者 CCR 模块来进行消融实验。同时，本章还在常用的 Cityscapes 基准数据集上进行了实验验证。在 Cityscapes 上，本章同样默认使用 FPN 作为基线网络，并且遵循 MMDetection 官方的训练策略，共训练 64 个 epochs，初始化学习率为 0.0025，并且分别在第 48 和第 52 个 epoch 之后以 0.1 的倍率对学习率进行了降低，其他的参数设置与 COCO 数据集上一致。

4.3.2　与其他先进方法的对比实验

1. COCO 数据集上的实验结果

本小节将本章提出的方法与主流的目标检测方法在 COCO test-dev 数据集上进行对比分析。同时，本章方法可以很容易地移植到其他两阶段方法上，因此作者还分别在 Cascade R-CNN、Libra R-CNN 和 Double Head R-CNN 上部署了本章方法来充分验证其有效性和泛化性。从表 4.1 的对比结果可以看出，在不同的主干网络和不同的方法架构上使用本章方法都可以获得持续性的性能增长，并且从图 4.7 的模型参数量和精度对比分析可以看出，本章方法可以在减少模型参数量的同时取得可观的性能增益。

表 4.1　在 COCO 测试数据集上的精度对比 (%)(FPS 的测试设备为 Titan XP GPU，"†"代表使用本章提出的 CODH)

方　法	主干网络	AP	AP^{50}	AP^{75}	AP^s	AP^m	AP^l	参数量/M	FPS
YOLO V2[13]	DarkNet-19	21.6	44.0	19.2	5.0	22.4	35.5	—	—
SSD[14]	R101-FPN	31.2	50.4	33.3	10.2	34.5	49.8	—	—
FCOS[15]	R50-FPN	37.0	56.6	39.4	20.8	39.8	46.4	—	—
AugFPN-RetinaNet[16]	R50-FPN	37.5	58.4	40.1	21.3	40.5	47.3	—	—
RGA&PRM-Faster R-CNN[17]	R50-FPN	38.1	60.0	41.6	—	—	—	—	—
QueryDet[18]	R50-FPN	41.6	62.0	44.5	25.4	43.8	51.2	—	—
SWN[19]	R101-FPN	40.8	60.1	43.8	23.2	44.0	51.1	—	—
Dynamic R-CNN[20]	R101-FPN	42.0	60.7	45.9	22.7	44.3	54.3	—	—
FCOS-AMF[21]	R101-FPN	42.9	62.1	46.3	**25.6**	45.0	52.9	—	—
Faster R-CNN	R50-FPN	37.7	58.7	40.8	21.8	40.6	46.7	41.53	**8.8**
Libra R-CNN	R50-FPN	38.6	60.0	42.0	22.4	41.3	47.7	41.79	8.4

续表

方　法	主干网络	AP	AP^{50}	AP^{75}	AP^s	AP^m	AP^l	参数量/M	FPS
Double Head	R50-FPN	39.8	60.2	43.4	23.0	42.7	49.8	47.12	4.9
Cascade R-CNN	R50-FPN	40.6	59.2	44.0	23.0	43.4	51.1	69.17	7.4
Faster R-CNN	R101-FPN	39.7	60.7	43.3	22.6	42.9	49.9	60.52	7.5
Libra R-CNN	R101-FPN	40.5	61.6	44.3	23.2	43.5	50.7	60.78	7.2
Double Head	R101-FPN	41.6	62.0	45.7	23.8	44.8	52.7	66.27	4.7
Cascade R-CNN	R101-FPN	42.3	61.0	46.0	23.9	45.4	53.6	88.16	6.5
Faster R-CNN†	R50-FPN	38.4	59.7	41.9	22.3	42.0	49.8	35.56	8.5
Libra R-CNN†	R50-FPN	39.1	60.3	42.8	22.5	41.6	48.5	35.84	8.2
Double Head†	R50-FPN	40.3	61.2	44.0	23.7	43.0	50.5	41.15	4.8
Cascade R-CNN†	R50-FPN	41.9	61.0	45.5	24.3	44.3	52.9	51.28	6.8
Faster R-CNN†	R101-FPN	40.7	62.3	44.4	23.3	43.9	51.3	54.57	7.3
Libra R-CNN†	R101-FPN	40.6	61.7	44.5	22.7	43.5	51.1	54.83	7.1
Double Head†	R101-FPN	42.0	**62.8**	46.0	24.1	45.0	53.2	60.38	4.4
Cascade R-CNN†	R101-FPN	**43.5**	62.6	**47.2**	24.9	**46.2**	55.3	**70.27**	6.0

需要注意的是，在实验中 Cascade R-CNN 的部署使用了"AFE-FC2-AFE"结构，因为原始"AFE-FC2-CCR"结构中的 CCR 模块需要 RoI 的数量与其单个 RoI 的维度大小一致，以满足转置操作的需求。而在 Cascade R-CNN 的检测头网络中包含三个不同的候选区域筛选阶段，并且每个阶段的 IoU 阈值都不相同，因此在每个阶段中 RoI 的数量都会动态变化。从图 4.7(b) 的对比结果可以看出本章方法对于 Cascade R-CNN 方法的提升效果最明显，可以取得 1.2% 的性能提升并且减少 17.9M 的参数量。特别地，本章方法在 AP^{50} 的评估指标下可以取得 0.3%～1.8% 的性能增益，这是因为本章方法可以持续驱动 Cascade R-CNN 检测头网络中不同阶段的特征增强过程来获得更好的性能。总体来说，本章方法能够在牺牲微量前向推理速度的情况下(FPS 下降 0.1%～0.6%)有效改善模型的性能。

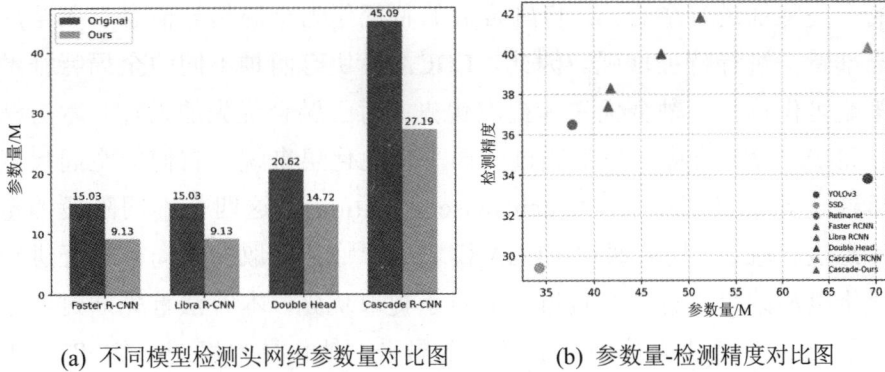

(a) 不同模型检测头网络参数量对比图　　　(b) 参数量-检测精度对比图

图 4.7　目标检测方法性能对比

2. Cityscapes 数据集上的实验结果

从表 4.2 的结果可以看出，本章方法在 Cityscapes 数据集上相对于基线网络同样可以取得良好的效果，其在 AP、AP^s、AP^m 和 AP^l 这些评价指标上都可以取得不同程度的性能增益。另一方面，Cityscapes 数据集主要由复杂的高分辨率街景场景构成，在其之上的成功应用也验证了本章方法对于特定应用场景拥有良好的适应性和泛化性。

表 4.2　在 Cityscapes 数据集上的对比结果（%）

方　法	AP	AP^s	AP^m	AP^l
Faster R-CNN	38.5	16.6	40.6	55.8
Faster R-CNN (Ours)	**39.2**	**17.4**	**40.9**	**59.2**

4.3.3　消融分析实验

本章提出了 EGCA、SR、AFE 和 CCR 共四个模块用于探索实例分割任务中特征内部和特征间的交互关系。因此，这一小节通过在 COCO 数据集上的实验分析，分别对这些模块的设计合理性和所涉及到的超参数进行验证。

1. EGCA 设计模式的对比实验

EGCA 模块的主要作用是将特征金字塔输出的 $P2 \sim P5$ 四种不同阶

段的全局特征进行融合,并将融合后的特征作为全局指导信息引入至后续局部特征进行特征增强。因此,EGCA 模块有两种不同的全局特征融合策略可供选择:融合优先和提取优先。对于融合优先的设计,本方法首先将 $P2\sim P5$ 的特征分别通过全局平均池化层来统一它们的空间尺度,然后通过元素级别相加(Element-wise Addition)将这四个不同阶段的全局信息进行融合,最后通过 LECA 模块进行特征提取并与局部特征进行通道维度相乘来进行特征校准。而对于提取优先,本方法首先通过四个平行的 LECA 模块来分别提取经过全局平均池化层尺度统一的 $P2\sim P5$ 全局特征,然后与融合优先一样,通过元素级别相加将这四个不同阶段的全局信息进行融合,最后与局部特征进行通道相乘来进行特征校准。

从表 4.3 中可以看出,不论融合优先(+ 0.6%)还是提取优先(+ 0.7%)都可以明显地提升物体检测的性能,这也足以说明本章关于全局上下文信息缺少假设的正确性。同时,可以看出提取优先方式相比于融合优先方式有 0.1%的性能提升。笔者推断这是因为在提取优先方法中共使用了四个平行的 LECA 模块来进行特征提取,因此有更多的可学习的参数。但是为了更好地平衡模型精度和复杂度,在本章的设计中采用融合优先方式作为默认设置。

表 4.3　EGCA 的设计模式对性能的影响 (%)

方　法	AP	AP^{50}	AP^{75}
基线方法	37.4	58.1	40.4
融合优先	38.0	59.2	41.0
提取优先	**38.1**	**59.3**	**41.3**

2. AFE/CCR 模块中卷积核大小的对比实验

在 AFE 模块中,不同的卷积核大小意味着学习不同范围邻域的特征关系。因此,本小节通过设定不同的卷积核大小来分析邻域范围大小对模型性能的影响。具体的,本小节将式(4.7)中 F_1 和 F_2 的卷积核大小 k'' 分别设置为 1 和 3 进行了实验分析,同理,对 CCR 模块进行了相同的实验。实验结果如表 4.4 所示,可以看到相对于基线网络,AFE 和 CCR 模块都能有效改善检测器的性能,但是不同的卷积核设置也会影响这两个部件的性能,尤其是对于 CCR 模块，当卷积核大小为 3×3 的时候模型性能会急剧降低，笔者推断这是因为 CCR 模块建模的是不同实例间的特征交互，而在不同实例间只有相同位置的特征是强相关关系，因此，学习的特征邻域范围增大会降低特征间的相关性。因此，在最终的 AFE 和 CCR 模块中均采用 1×1 的卷积核进行特征编码。

表 4.4　AFE/CCR 模块中卷积核大小对性能的影响 (%)

模　块	k''	AP	AP^{50}	AP^{75}
AFE	1	**38.1**	59.1	**41.6**
	3	38.0	**59.2**	41.1
CCR	1	**38.1**	59.0	41.4
	3	28.3	47.5	29.4

3. 与 MobilenetV2 中的反残差模块的对比实验

AFE 和 CCR 模块均采用了反残差结构来处理输入特征，先利用 1×1 进行升维操作来扩大特征空间，丰富特征表达能力，然后继续利用 1×1 卷积进行降维操作，使其恢复到与输入相一致的维度。与反残差结构所不同的是，本章没有采用反残差结构中间的深度分离卷积层。鉴于这两种结构的相似性，笔者进行了对比实验分析。表 4.5 展示了 AFE 和 CCR 模块使用 MobileNetV2 中提出的反残差结构的效果。

表 4.5　反残差模块对模型性能的影响 (%)

方　法	AP	AP0.5	AP0.75
基线方法	37.4	58.1	40.4
AFE	**38.1**	**59.1**	**41.6**
AFE-Inverted	38.0	**59.1**	41.1
CCR	**38.1**	59.0	41.4
CCR-Inverted	29.2	49.0	30.6

其中"AFE-Inverted"和"CCR-Inverted"分别代表在 AFE 和 CCR 模块中采用反残差结构。从表 4.5 的对比结果可以看出，在 AFE 模块中，不论反残差模块还是本章提出的方法都可以提升模型的性能。但是相比之下，CODH 效果更胜一筹，并且参数量更少。而对于 CCR 模块，其性能如上一小节分析的一

样，反残差结构中 3×3 深度分离卷积层的使用会导致检测器性能降低。

4. AFE/CCR 模块中扩张率的对比实验

AFE 模块中的扩张率决定了实例特征自相关度量空间的大小。因此，为了探索不同度量空间对于 AFE 模块特征自相关学习能力的影响，本节将扩张率 r 分别设置为 16 而 32 进行了实验。结果如表 4.6 所示，随着扩张率 r 的增大，AFE 和 CCR 模块的性能也会略微地增强，但是也会很快达到饱和。这是因为输入特征的空间较小，较大的扩张率生成的特征多样性比较受限。同时，可以看到当 $r = 16$ 时，AFE 和 CCR 模块的性能最优，所以在后续的实验中 r 采用 16 作为默认值。

表 4.6   AFE/CCR 模块中扩张率对模型性能的影响 (%)

模 块	r	AP	AP^{50}	AP^{75}
AFE	16	**38.1**	59.1	**41.6**
	32	**38.1**	**59.3**	**41.6**
CCR	16	**38.1**	59.0	41.4
	32	**38.1**	59.0	41.3

5. ECA 特征增强的对比实验

为了进一步增强 AFE 和 CCR 模块对于实例内部特征隐含模式的表达能力，本章在 AFE 模块中的 $F1$ 层之后增加了一个 ECA 模块来增强实例生成特征的通道间的联系。从表 4.7 的对比结果可以看出，在加入 ECA 模块后模型的性能并没有发生明显的变化，原因和上一小节一样，因为特征空间有限，因此通道间的联系都比较紧密，所以用 ECA 模块来对不同的特征通道重新加权影响甚微。

表 4.7   ECA 模块对模型性能的影响 (%)

方 法	AP	AP^{50}	AP^{75}
基线方法	37.4	58.1	40.4
AFE	**38.1**	59.1	**41.6**
AFE+ECA	**38.1**	**59.3**	**41.6**
CCR	**38.1**	59.0	41.4
CCR+ECA	38.0	58.9	41.4

6. AFE 和 CCR 布局方式的对比实验

在检测头网络中,本章所提出的 AFE 和 CCR 都是即插即用的特征关系增强模块,而不同的排列顺序和不同的位置都可能会对模型的性能产生影响。因此,本节设计了不同模式来探索 AFE 和 CCR 模块的顺序和放置位置对于模型性能的影响。表 4.8 中的“A-F-C”表示在第二个 FC 层之前插入 AFE 模块,在其之后插入 CCR 模块,“2A - F - 2C”表示分别使用两个 AFE 和 CCR 模块。同时,除了上述串联架构,此实验还探索了 AFE 和 CCR 模块的三种并联结构,“F-{A,C}”代表在第二个 FC 层之后并行连接 AFE 和 CCR 模块,最后输出为二者之和。“F-{A_c,C_r}”代表使用并行连接的 AFE 模块输出特征进行分类,使用 CCR 模块的输出特征进行回归定位。从实验结果可以看出“A - F - C”的组合方式可以获得最优的性能,因此,本章使用这种方式作为最终的默认设置。

表 4.8　AFE 和 CCR 的组合方式对模型性能的影响 (%)

方　法	AP	AP50	AP75
A-F-C	**38.4**	**59.3**	41.4
2A-F-2C	**38.4**	59.2	**41.9**
F-{A,C}	37.9	59.0	41.1
F-{A_c,C_r}	37.9	58.8	41.1

7. 不同空间乘数和通道乘数的对比实验

如前所述,本章定义的空间乘数 α 和通道乘数 β 可以灵活地调节两阶段方法头部网络中第一个 FC 层的参数,而不同的 α 和 β 值会带来不同的精度与复杂度平衡状态。因此,本节尝试了不同的组合方式来探索这种规律,结果如表 4.9 所示。

表 4.9　空间乘数和通道乘数对模型性能的影响 (%)

$\{\alpha,\beta\}$	AP	AP^{50}	AP^{75}	参数量(M)
{None, 0.5}	38.1	59.4	41.0	35.14
{None, 0.25}	37.6	58.9	40.8	31.91
{5, None}	**38.4**	59.7	**41.9**	35.56
{3, None}	38.2	59.7	41.6	31.37

续表

$\{\alpha, \beta\}$	AP	AP^{50}	AP^{75}	参数量(M)
{2, None}	37.3	59.0	40.0	**30.06**
{5, 0.5}	38.0	59.2	41.1	32.32
{4, 0.5}	37.9	59.1	41.1	31.14
{3, 0.5}	37.5	58.9	40.9	30.22

特别地，从对比结果可以看出，在$\{\alpha=2,\beta=\text{None}\}$时，本章算法可以在保持相似精度的情况下减少 11.47 M 的参数量。同时，在$\{\alpha=5,\beta=\text{None}\}$时，模型可以获得最佳的效果，因此在后续的实验中默认使用其作为超参数。其他实验(如$\{\alpha=3,\beta=0.5\}$)的结果也说明了本章 RoI 特征压缩方法的有效性，该方法可以在不降低模型性能的情况下将参数量减少 11.31 M，这也为其他一些对参数量更敏感的应用场景提供了一种替代方案。

8. SR 模块变种对比实验

为了说明本章所提 SR 方法的有效性，本章对于特征图的空间压缩设计了三个变种实验。第一种是使用步长为2的3×3卷积，记作"SR_Conv3"，第二种是使用步长为 2，分组为 256 的 3×3 分组卷积，记作"SR_Conv3_Group"；第三种是直接将 RoIAlign 的输出设置为256×5×5，记作"RoIAlign_5×5"。这三种方法得到的检测头网络参数量均与$\alpha=5$时相同，但是相比于本章的方法，"SR_Conv3"方法会带来通道维度关联信息的影响，因为其考虑了周围所有的相邻特征。相比之下，本章方法使用了 1D 卷积，只考虑了前后相邻位置的特征关系。第二个变种方法相对于第一种消除了通道维度关联信息的影响。第三个变种方法不会额外增加参数量，但是其保留了更少的原始信息。从表 4.10 的实验结果可以看出，在更大感受野范围内进行特征交互会对特征增强效果产生负面影响，并且整体通道间的依赖关系学习能力还有待加强。

表 4.10   SR 模块变种设计对模型性能的影响 (%)

方 法	AP	AP^{50}	AP^{75}	参数量(M)
SR	**38.4**	**59.7**	**41.9**	35.56
SR_Conv3	37.9	58.5	41.3	35.83
SR_Conv3_Group	38.0	58.7	41.7	**35.24**
RoIAlign 5×5	37.2	58.1	40.3	**35.24**

9. 不同模块的消融对比实验

这一部分通过消融实验分析了本章提出的不同部件对模型性能的贡献。从表 4.11 中可以看出，除了 "SR" 模块，装配其他模块都能有效改善模型的性能。尤其是同时使用 "EGCA" "AFE" 和 "CCR" 这三个模块时，模型的效果最优(+1.2%)，并且其增加的参数量几乎可以忽略不计。同时，在添加 "SR" 模块之后模型参数量显著地降低了 7 M，而模型精度仅降低了 0.3%。

表 4.11 不同模块对模型整体性能的贡献 (%)

EGCA	SR	AFE	CCR	AP	AP^{50}	AP^{75}	AP^s	AP^m	AP^l	参数量(M)
				37.4	58.1	40.4	21.2	41.0	48.1	41.53
		√		38.1	59.1	41.6	22.7	41.3	49.6	41.53
			√	38.1	59.0	41.4	21.8	41.4	49.4	41.53
√				38.0	59.2	41.0	22.3	41.6	49.1	41.53
	√			37.1	57.7	40.3	21.1	40.5	47.9	**35.56**
	√	√	√	38.1	58.6	41.5	22.2	41.5	49.4	**35.56**
√		√	√	**38.6**	**60.1**	**42.0**	**22.9**	**42.4**	**49.7**	41.53
√	√	√	√	38.4	59.7	41.9	22.3	42.0	49.8	**35.56**

4.3.4 可视化结果分析

图 4.8 展示了一些可视化预测对比结果，从中可以看出本章方法在光照较暗、人员密集和背景嘈杂等多种具有挑战的场景下都有着不俗的表现。例如，在第 1 行的前两张对比图片中，相对于基线方法，本章提出的 CODH 能够在光照较暗的情况下检测出月亮。从第三行后两列对于图中苹果的检测可以看出，相对于基线方法，本章的方法明显拥有更低的漏检率。但是从表 4.1 的定性指标 AP^s 和图 4.8 中的检测结果来看，现有算法对于较小目标的检测能力依然有很大的提升空间，因此这也是未来工作亟待解决的一个问题。同时，本章提出的 SR 模块虽然极大地减少了参数量，但是引入的 AFE 和 CCR 模块也增加了一定的计算开销，因此模型的整体前向推理速度

(即 FPS)略微有所下降, 因此打造一个更快的模型也是未来所需要努力的
方向。

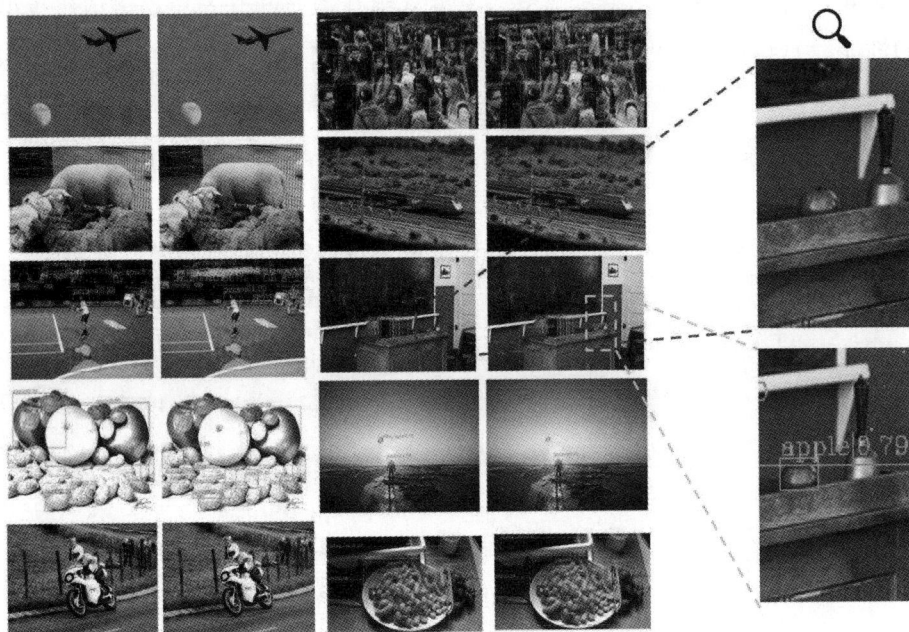

图 4.8　检测结果可视化对比(第 1、3 列为基线方法的预测结果,
第 2、4 列为 CODH 的预测结果)

本 章 小 结

建模特征之间隐含的交互关系在目标检测任务中非常重要, 但是在两
阶段网络结构中, 过多的人工设计组件导致对于实例特征的关系推理十分
困难。为了解决这个问题, 本章通过分析归纳出了三个不同层次的交互关
系, 即实例局部与全局特征的依赖关系、实例内部特征的自相关和实例之
间的互相关关系。基于这种分析, 本章面向两阶段目标检测方法提出了一
个高效的特征增强头网络, 其包含全局特征感知模块、自相关特征增强和
互相关推理模块共三个即插即用的轻量化模块来分别建模以上三种不同层

次的特征隐含关系。实验结果验证了通过结合这些不同模块的优点，可以有效地提高检测器的性能。总而言之，本章方法可以有效地改善两阶段方法中实例级 RoI 特征缺乏信息交互的问题并且获得更好的精度-复杂度平衡。

参 考 文 献

[1] GAO S H, CHENG M M, ZHAO K, et al. Res2net: A new multi-scale backbone architecture[J]. IEEE Transactions on Pattern Analysis and Machine Intelligence, 2019, 43(2): 652-662.

[2] ZHANG H, WU C, ZHANG Z, et al. Resnest: Split-attention networks [C]//Proceedings of the IEEE/CVF Conference on Computer Vision and Pattern Recognition.New Orleans,LA,USA:IEEE, 2022: 2736-2746.

[3] WANG Q, WU B, ZHU P, et al. ECA-Net: Efficient channel attention for deep convolutional neural networks[C]//Proceedings of the IEEE/CVF Conference on Computer Vision and Pattern Recognition.Seattle,WA,USA:IEEE,2020: 11534-11542.

[4] WANG X, GIRSHICK R, GUPTA A, et al. Non-local neural networks [C]//Proceedings of the IEEE Conference on Computer Vision and Pattern Recognition.Salt Lake City,UT,USA:IEEE,2018: 7794-7803.

[5] DAI J, QI H, XIONG Y, et al. Deformable convolutional networks [C]//Proceedings of the IEEE International Conference on Computer Vision.Venice,Italy:IEEE,2017: 764-773.

[6] SANTORO A, RAPOSO D, BARRETT D G, et al. A simple neural network module for relational reasoning[J]. Advances in neural information processing systems, 2017, 30.

[7] DENG J, PAN Y, YAO T, et al. Relation distillation networks for video object detection[C]//Proceedings of the IEEE/CVF International Conference on Computer Vision. Seoul, South Korea:IEEE, 2019: 7023-7032.

[8]　SUNG F, YANG Y, ZHANG L, et al. Learning to compare: Relation network for few-shot learning[C]//Proceedings of the IEEE Conference on Computer Vision and Pattern Recognition.Salt Lake City,UT,USA:IEEE, 2018: 1199-1208.

[9]　KANG J, FERNANDEZ-BELTRAN R, HONG D, et al. Graph relation network: Modeling relations between scenes for multilabel remote-sensing image classification and retrieval[J]. IEEE Transactions on Geoscience and Remote Sensing, 2020, 59(5): 4355-4369.

[10]　QI J, PENG Y, YUAN Y. Cross-media multi-level alignment with relation attention network[DB/OL]. arXiv preprint arXiv:1804.09539, 2018.https://arxiv.org/abs/1804.09539.

[11]　HU H, GU J, ZHANG Z, et al. Relation networks for object detection[C]//Proceedings of the IEEE Conference on Computer Vision and Pattern Recognition. Salt Lake City,UT,USA:IEEE, 2018: 3588-3597.

[12]　CHEN K, WANG J, PANG J, et al. MMDetection: Open mmlab detection toolbox and benchmark[DB/OL]. arXiv preprint arXiv:1906.07155, 2019. https://arxiv.org/abs/1906.07155.

[13]　REDMON J, FARHADI A. YOLO9000: better, faster, stronger[C]//Proceedings of the IEEE Conference on Computer Vision and Pattern Recognition.Honolulu，HI,USA:IEEE, 2017: 7263-7271.

[14]　LIU W, ANGUELOV D, ERHAN D, et al. Ssd: Single shot multibox detector[C]//Proceedings of the 14th European Conference on Computer Vision. Amsterdam, The Netherlands: Springer , 2016: 21-37.

[15]　TIAN Z, SHEN C, CHEN H, et al. Fcos: Fully convolutional one-stage object detection[C]//Proceedings of the IEEE/CVF International Conference on Computer Vision. Seoul, South Korea:IEEE,2019: 9627-9636.

[16]　GUO C, FAN B, ZHANG Q, et al. Augfpn: Improving multi-scale feature learning for object detection[C]//Proceedings of the IEEE/CVF Conference on Computer Vision and Pattern Recognition.Seattle, WA, USA: IEEE, 2020: 12595-12604.

[17]　GE Z, JIE Z, HUANG X, et al. Delving deep into the imbalance of positive proposals in two-stage object detection[J]. Neurocomputing, 2021, 425: 107-116.

[18]　YANG C, HUANG Z, WANG N. QueryDet: Cascaded sparse query for accelerating high-resolution small object detection[C]//Proceedings of the IEEE/CVF Conference on Computer Vision and Pattern Recognition.New Orleans,LA,USA:IEEE, 2022: 13668-13677.

[19]　CAI Q, PAN Y, WANG Y, et al. Learning a unified sample weighting network for object detection[C]//Proceedings of the IEEE/CVF Conference on Computer Vision and Pattern Recognition.Seattle,WA,USA:IEEE, 2020: 14173-14182.

[20]　ZHANG H, CHANG H, MA B, et al. Dynamic R-CNN: Towards high quality object detection via dynamic training[C]//Proceedings of the 16th European Conference on Computer Vision. Glasgow,UK:Springer, 2020: 260-275.

[21]　YU X, WU S, LU X, et al. Adaptive multiscale feature for object detection[J]. Neurocomputing, 2021, 449: 146-158.

第 5 章　面向宏观语义差异的

实例分割算法

本章主要分析实例分割算法中不同特征语义差异引起的特征表达受限问题。第一节介绍研究背景、研究动机和方法概述；第二节介绍本章提出的面向宏观语义差异的实例分割算法；第三节进行实验验证及对比分析；最后对本章进行总结。

5.1　引　言

5.1.1　研究背景

迄今为止，主流的实例分割范例都依附于目标检测或者语义分割任务，借助于这些前期任务，实例分割可以简化为自顶向下式对感兴趣区域内前背景的分离，或者自底向上式像素间的聚类任务。因此，与目标检测方法类似，实例分割方法也可以划分为单阶段和两阶段两种类型。其中，单阶段方法凭借其快速的检测框架可以满足实时检测的需求。

虽然单阶段方法近期得到了研究者们的广泛研究，但其模型性能还有待于进一步提高。单阶段方法的主要缺点存在于以下几个方面：① 通常使用类似于目标检测器的卷积网络对整个图像进行处理，这意味着在像素级别的细节上可能会失去很多信息，导致预测结果分辨率较低；② 由于没有

RoI 操作，需要在整个图像上进行预测，可能会导致漏检和误检，尤其是在有大量目标和复杂背景的情况下；③ 通常需要大量的训练数据和高度优化的网络结构，以获得良好的实例分割结果，而这种训练过程可能会很不稳定，需要大量的调试和实验。

　　而基于两阶段流程的实例分割方法得益于其"多次微调"的设计理念，可以获得更好的检测性能。如图 5.1 所示，Mask R-CNN 作为两阶段方法的杰出代表，开创性地将目标检测和实例分割任务封装到了统一的框架之下。Mask R-CNN 在目标检测网络 Faster R-CNN 的基础上进行了扩展，由主干网络、特征金字塔网络和检测头子网络三部分组建而成，分别用于提取特征、生成感兴趣区域和概率预测。与 Faster R-CNN 所不同的是，Mask R-CNN 中的检测头子网络包含边界框检测和分割头两个部分。遵循这个设计理念，后续有许多优秀的工作分别对这三个基本组件进行了改进升级。如 Dual-Swin-L[1]采用了多个级联的主干网络来增强网络的特征提取能力，Aug-FPN[2]、I-FPN[3]和 DyFPN[4]等设计了更高效的特征金字塔网络来学习物体的多尺度特征。

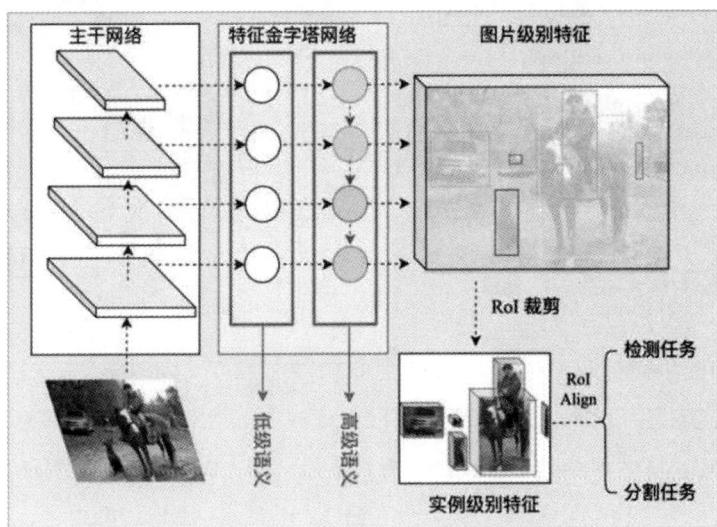

图 5.1　Mask R-CNN 实例分割网络架构图

　　而相对于主干网络和特征金字塔网络，检测头网络位于整体模型的末端，具有更加抽象的特征，因此，更加影响网络的性能。如图 5.2 所示，近年来有许多学者致力于构建更加强大的检测头网络，如 CenterMask[5]、

Cascade Mask R-CNN[6]、HTC[7]和 Mask Scoring R-CNN[8]。虽然上述方法取得了显著的性能增益,但它们都不可避免地增加了计算负担。因此,如何更好地平衡实例分割的精度和速度仍然是一个挑战。同时,对于主干网络的优化常常利用更先进的分类技术,而改进特征金字塔网络和检测头网络则需要更加宏观的见解。众所周知,感受野决定了卷积操作中所能感知的局部特征范围,这也代表了网络的隐含特征表征能力。所以现在普遍的方式是追求更深的网络来激发模型的性能,但这也极大地增加了网络参数量。而为了平衡性能和复杂度,在两阶段的实例分割网络中,其特征金字塔和分割头组件往往使用普通的卷积模式,这限制了其对特征的编码能力。因此,为了解决上述问题,本章旨在为实例分割任务构建更加高效的特征金字塔网络和分割头子网络。

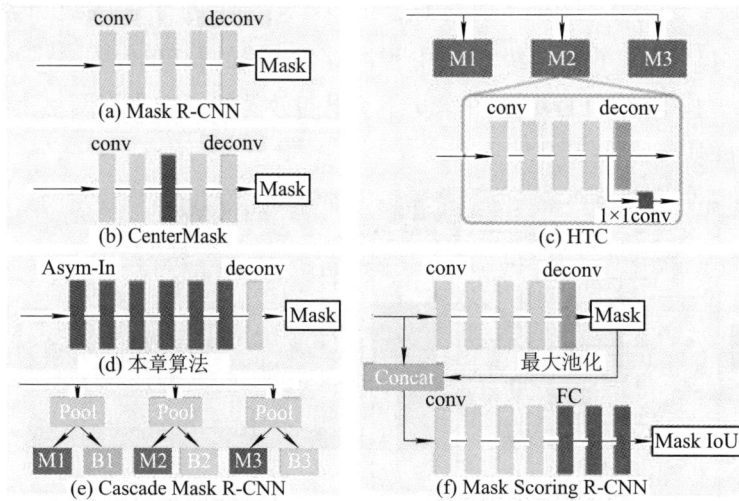

图 5.2 不同模型检测头网络对比("conv"是 3×3 核的卷积层,"deconv"是采样率为 2 的反卷积层,"Pool"是池化层,"FC"是 FC 层,"SAM"是空间注意力模块。"M1~M3"代表不同阶段的掩码分割分支,"B1~B3"代表不同阶段的边界框预测分支)

5.1.2 研究动机

首先简单回顾一下 Mask R-CNN 中原始的 FPN 和 Mask Head 网络结构。

FPN 使用了 1 × 1 的卷积层来减少特征维度并且建立自底向上和自顶向下过程的桥梁。同时，其在得到不同尺度特征之后分别使用一个 3 × 3 卷积层来进一步编码全局特征。如图 5.2(a)所示，Mask R-CNN 的分割头网络是由四个连续的 3 × 3 卷积层和一个反卷积层构成的全卷积网络。这两个组件相同之处在于它们都是全卷积网络，不同的是它们所处理的特征和任务诉求。具体而言，FPN 需要对主干网络提取到的不同层次特征进行多尺度融合，而这些全局特征混合着类别不可知的 RoI 特征和杂乱的背景特征，因此在较小的感受野范围内相关性较强。反观分割头子网络，其处理的是经过裁剪的单个 RoI 特征，而在这些特征中类别特定的目标主体占据着主导地位，因此在较大的感受野范围内特征仍然有较强相关性。为了更直观地看到上述差异，如图 5.3 所示，本章区分了图像级别和 RoI 级别实例的宏观语义差异。

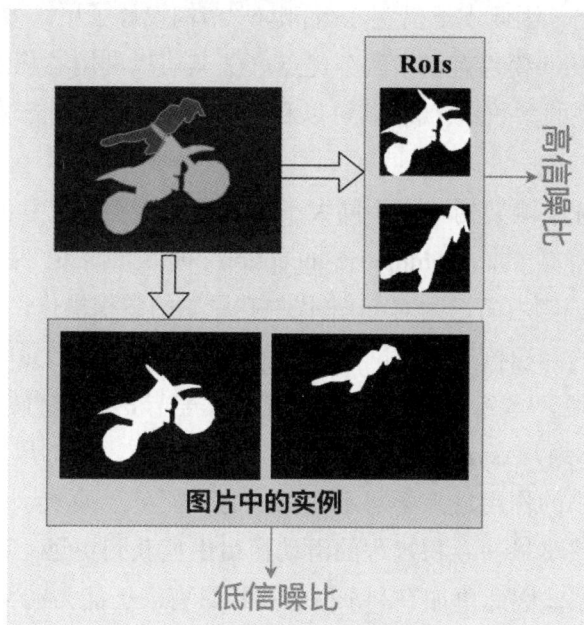

图 5.3　宏观语义差异分析图

可以看出，在图像级特征中，除了每个实例的主体之外，其他像素(黑色区域)都是背景噪声。然而，在 RoI 裁剪之后，大部分噪声可以被滤除，因此信噪比(Signal-Noise Ratio，SNR)可以大大提高。而原始网络模型中并未对这两种不同的语义类型进行针对性处理，因此，本章分析了卷积核大小对于 FPN 和 Mask Head 的影响，并对上述两个模块设计了个性化的卷积模块以适应其不同的任务需求。

5.1.3　方法概述

在两阶段方法的流程中，因其分而治之的思想，流动着两种形态的语义特征，即图片级别的全局特征和区域级别的实例特征，这两种宏观语义形态的根本差异体现在因背景噪声导致的邻域特征关联度不同。如上一小节分析，RoI 级别的特征相关性更强，因此使用较大感受野的卷积核可以更加有效地捕获远距离特征。而 FPN 中的图像级别特征包含大量背景信息和其他干扰信息，因此需要利用感受野较小的卷积核来更加关注局部信息。但是问题的难点在于，简单地使用较大卷积核会导致卷积操作的参数量和计算量急剧增加，因此本章借鉴 Inception[9]结构设计了更高效的卷积模块。这是因为 Inception 模块有以下两个优点：① 其可以利用卷积维度压缩和卷积分解减少模型的参数量；② 其可以利用多个不同尺度的密集子矩阵来并行提取特征。

类似于目标检测架构中为不同大小的物体生成不同尺寸的锚框，本章提出了更加高效的 Asymmetric-Inception 模块(简记为 Asym-In)和 Group-Inception 模块(简记为 G-In)来代替其原始的卷积操作，所提模块鼓励使用尺寸更大的卷积核来增大网络的感受野并且减少参数量。基于这两种高效的定制模块，本章构建了面向宏观语义差异的实例分割网络，记为 CODH++。具体地，Asym-In 模块通过逐渐地增大卷积核的尺寸以在微观层面构建不同大小的作用域来学习不同范围的特征交互关系。这些拥有更大感受野的卷积核可以在卷积过程的滑动窗口中捕获到更远距离之间的像素之间的语义关系，因此更加有利于网络建模具有表征能力的特征。G-In 模块通过灵活调节每个卷积层的分组数量来减少模型的计算量。本章算法通过装配提出的 Asym-In 和 G-In 卷积模块打造了更加坚实的 FPN 和 Mask Head，带来了明显的性能增益，本章将升级之后的 FPN 和 Mask Head 分别记为 U-FPN 和 U-Mask 检测头网络。

目前在 COCO 数据集的排行榜上排名靠前的方法例如 Dual-Swin-L[1]、Focal-L[10]、Swin-L[11]和 QueryInst[12]，都使用了组合骨干网络或者

Transformer 技术，因此需要很大的计算开销。而之前基于 Mask R-CNN 改进的算法，例如 Mask Scoring R-CNN、Cascade Mask R-CNN、HTC 和 DetectoRS 也都无一例外极大地增加了模型的参数量。而本章算法不仅可以取得良好的性能增益，同时还有效地降低了模型的参数量和 GFLOPs。总而言之，本章所提模块的设计动机是基于对于图片级别和实例级别特征中宏观形态差异的分析，同时，本章方法不仅是为了取得模型的性能增益，还是为了追求更好的性能和模型复杂度的平衡。

5.2　Asym-In 模块和 U-Mask 检测头网络

如图 5.2(d)所示，Asym-In 模块主要应用于 Mask R-CNN 的检测头网络来替代其原始的 3×3 卷积层。具体地，原始 Mask Head 利用 4 个连续的 3×3 卷积层编码 RoIAlign 裁剪得到的 RoI 张量，而本章算法主张使用更大的卷积核来增大感受野以加强特征的表征能力，这是因为较大的卷积核可以使网络在单次卷积操作中学习到空间域中远距离特征之间的相关性。

为验证以上分析，本章直接在 Mask Head 中使用了更大的卷积核，实验结果如表 5.1 所示。与分析一致，随着卷积核大小的增加，模型性能也呈现出了单调递增的变化。但是简单地使用较大的卷积核会使网络参数成比例增加，例如 3×3 卷积核的参数量是拥有相同输出通道数量 1×1 卷积核的 9 倍。在这种设置下，网络性能的改善也有可能单纯来自于参数量的增加，而非所期待的远距离特征表征能力的增强。为此，如图 5.4 所示，本章设计了 Asym-In 模块，其不仅继承了 Inception 维度压缩和非对称卷积的优点，并且在拓展了网络宽度的同时保证了计算效率。

表 5.1　Mask Head 中不同卷积核大小对模型性能的影响 (%)

卷积核大小	AP	AP^{50}	AP^{75}	参数量(M)
3×3	34.7	55.7	37.2	**1×**
5×5	35.3	56.3	37.8	2.78×
7×7	**35.4**	**56.1**	**38.1**	5.44×

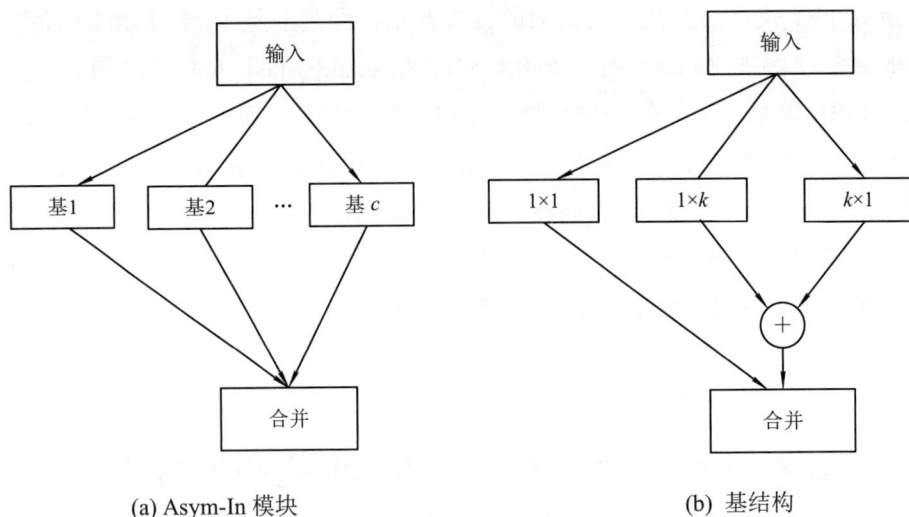

(a) Asym-In 模块   (b) 基结构

图 5.4   Asym-In 模块拓扑结构

因为 Asym-In 模块不同分支的卷积核大小不同, 所以是一种异质多分支结构。类似于 ResNext[13], 将这种分支的个数定义为一个新的维度, 即基 (Cardinality)维度, 基的数量记为 c。同时, 对于 Asym-In 模块的设计遵循两个原则: ① 为了设计的简约性, 每个基拥有相同的拓扑结构; ② 模块中所有基的总参数量小于原有的卷积模块。其中第一条准则允许在模块中使用可重复的网络结构来缩减所需要探索的超参数空间, 使此项工作能够专注于更加精炼的模块化设计。第二条准则是为了更加有效地验证 4.1.2 研究动机小节所述的猜想, 避免了参数量增加所带来的性能增益对实验验证带来的困扰。在 Asym-In 模块中, 每一个基都包含一个 1×1 卷积层的跳跃连接支路和两个并行连接的卷积核大小为 k 的非对称卷积层, 最后通过维度拼接(Concatenation)操作将所有基的输出组合在一起。同时, 本章还设计了一系列的候选模型来探索卷积核大小和滤波器数量对模型性能的影响, 具体见后续实验部分。

Asym-In 模块与 Inception 和 ResNext 网络有一些共通之处, 但是也有区别。众所周知, Inception 是一个多分支结构, 每个分支仅包含一条路径, 而本章的 Asym-In 结构是由多个基组成的, 每个单独的基又是多分支结构, 因此, 其可以看成是 "Inception in Inception" 的模式。ResNext 网络结构和 Asym-In 模块类似, 不同之处在于 ResNext 是同质多分支结构, 每个基拥有完全相同的拓扑，而 Asym-In 模块的每个基不仅拥有不同大小的卷积核，而且基拓扑与 ResNext 也不相同，因此是一种异质多分支结构。

如设计原则②所述，Asym-In 模块的参数量相对于 Mask Head 中原始的 3×3 卷积层也有着绝对优势。假设该模块的输入特征为 $x \in \mathbb{R}^{N \times C_{in} \times H \times W}$，输出特征为 $y \in \mathbb{R}^{N \times C_{out} \times H \times W}$，其中 C_{in}、C_{out}、H 和 W 分别代表输入通道维度、输出通道维度、特征的高和宽，同时假设 Asym-In 模块所包含基的数量 c，每个基中非对称模块的卷积核大小为 $k_1 \sim k_c$，并且每个分支的通道输出维度为 $C_{out} / 2c$，那么 Asym-In 模块相对于原始 3×3 卷积层的参数量压缩率 r 可以定义为(为了简便起见，忽略了偏置项)：

$$r = \frac{\left[(k_1 + k_2 \cdots + k_c) \times 2 + c \right] \times C_{in} \times C_{out}}{C_{in} \times C_{out} \times 3 \times 3} \times \frac{1}{2c} \tag{5.1}$$

在本章的部署中，$c = 4$，$C_{in} = C_{out} = 256$ 并且 $\{k_1, k_2, k_3, k_4\} = \{3,5,7,9\}$。计算可得 Asym-In 模块的参数量为原始 3×3 卷积层的 0.72 倍。

U-Mask 检测头网络如图 5.2(d)所示，其利用所设计的 Asym-In 模块代替了原始 Mask Head 中堆叠的 3×3 卷积层。并且需要注意的是，在 Asym-In 模块中的卷积层后本章都使用了 GroupNorm 层对输出数据进行标准化。

5.3　G-In 模块设计和 U-FPN 结构

如图 5.5(a)所示，在 FPN 中共包含 1×1 和 3×3 两种类型的卷积层，分别用于在横连结构中执行维度压缩和对最后输出多尺度特征的进一步编码。对于 1×1 卷积层来说，因为受限于感受野，其只能学习到通道间的特征交互关系，并且不同阶段的输入特征维度逐渐递增，即 $\{c2, c3, c4, c5\}$ 层的通道数分别为 $\{256, 512, 1024, 2048\}$，这对于 1×1 卷积的特征压缩能力也是一个考验。

为此，本章设计了对于输入维度自适应的 G-In 模块来升级原有的 1×1 横连卷积层。如图 5.5(c)所示，其不仅可以利用 3×3 和 5×5 卷积层来扩张卷积过程中的作用域，还可以通过输入维度自适应的分组策略，将解空间分配到更小的子空间来均衡其特征压缩维度。同时，在多分支特征融合后，G-In 采用了一个轻量化的 ECA 模块来促进分组间特征的交互。和 G-In 想法类似，DyFPN[14]也采用了多分支结构来获取更大的感受野，并且其还使用了动态门控机制自适应的选择卷积核大小来减少推理时的 FLOPS。不同的是，DyFPN 极大地增加了参数量，因此更加难以应用于资源受限的应用场景。而令人欣喜的是，遵循上一小节的原则②，通过灵活地调节 G-In 结构中每个卷积层的分组数量，可以使其获得相对于原始的 1×1 卷积更少的参数量和计算量。特别地，本章提出的 G-In 拓扑可以看成是 Asym-In 模块基为 1 的特殊情况。

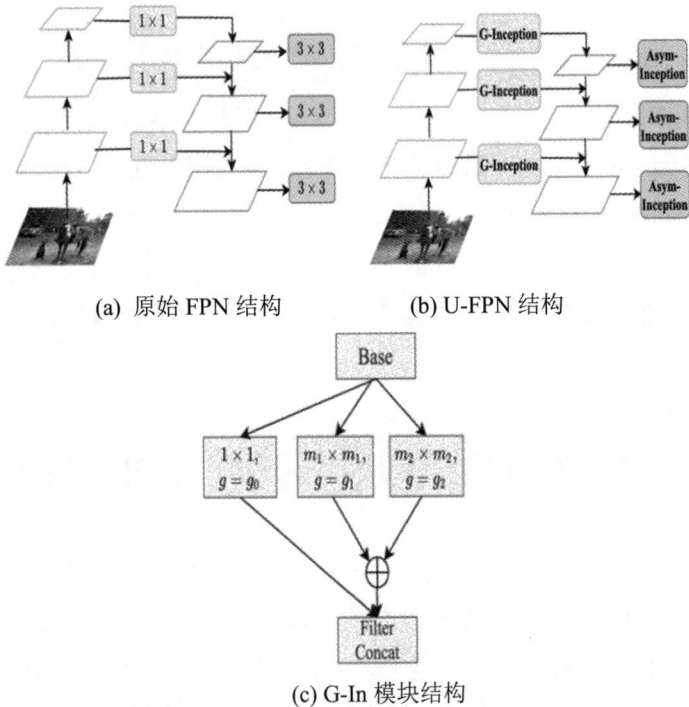

(a) 原始 FPN 结构　　　(b) U-FPN 结构

(c) G-In 模块结构

图 5.5　G-In 模块与 U-FPN 设计

　　G-In 模块的设计同样遵循了上一小节的原则②，因此其参数量相对于原始的 1×1 卷积层也更少。假设 G-In 模块的输入特征为 $x' \in \mathbb{R}^{N' \times C'_{\text{in}} \times H' \times W'}$，输出特征为 $y' \in \mathbb{R}^{N' \times C'_{\text{out}} \times H' \times W'}$，其中 N' 代表批量大小，C'_{in}、C'_{out}、H' 和 W' 分别代表输入通道维度，输出通道维度，特征的高和宽，而假设 $m_i \times m_i$ 代表 G-In 模块中第 i 个($i \in \mathbb{R}^2$)分支的卷积核大小，g_i 代表第 i 个分支的分组数

量。并且这三个分支的输出维度为 $\dfrac{C'_{out}}{2}$，那么只要 $g_i \leqslant m_i^2$，便可使整体的

参数量少于 1×1 卷积。同时还需要确保 g_i 能够被输入输出通道数整除，所以制定分组策略如下：

$$g_i = \left[m_i^2 \right]^{\text{pow}} \tag{5.2}$$

其中，$[\bullet]^{\text{pow}}$ 代表以 2 的幂次进行舍入。例如 $m_i = 3$，那么 $g_i = 2^4 = 16$。对应地，G-In 模块相对于 1×1 卷积的参数压缩率 r' 定义如下：

$$
\begin{aligned}
r' &= \frac{\left(m_1^2/g_1 + m_2^2/g_2 + 1/2 \right) \times C_{in}^1 \times C_{out}^1}{C'_{in} \times C'_{out}} \times \frac{1}{2} \\
&= \frac{g_1 g_2 + 2 m_1^2 g_2 + 2 m_2^2 g_1}{4 g_1 g_2}
\end{aligned}
\tag{5.3}
$$

其中，m_i、m_2、g_1 和 g_2 分别代表 G-In 模块中两个平行卷积层的卷积核大小和分组数量。具体地，在本章部署中设定 $\{m_1, m_2\} = \{3, 3\}$，因此根据式(5.2)计算可知 $\{g_1, g_2 = 16, 16\}$，并且由式(5.3)计算可知 G-In 模块的参数量是 1×1 的 0.41 倍。需要注意的是，在 G-In 模块中使用的 ECA 模块和第 2 章的结构一样，其只包含一个卷积核大小为 5 的一维卷积层，因此在计算中可忽略不计。

如图 5.5(b)所示，在 U-FPN 结构中，G-In 模块的主要作用是利用相对更小的卷积核使其更加关注局部信息，并通过均衡 FPN 的编码能力来减少模型参数的数量。同时，本章对于 FPN 中的 3×3 卷积层使用了上一节中提出的 Asym-In 模块进行升级，但不同的是，基于上一节中的分析，在 G-In 模块中使用了相对较小的卷积核来避免长距离采样中背景噪声的干扰。

5.4　实验结果与分析

这一小节首先将介绍实验所用的评价指标和算法部署的参数设置，然后分别展示本章方法在 COCO、Cityscapes、SBD 和 KINS 数据集上的性能

表现并且报告了与最先进方法的对比结果，最后通过大量的消融实验验证本章所提各个组件的有效性。

5.4.1　实验设置

本章算法的部署依赖于开源代码库 MMDetectionv2，运行环境为 CentOS Linux 7 系统。硬件配置为 48 GB 内存，处理器为 Intel Core i5-9600KF，并且使用了 NVIDIA GeForce RTX 3090 显卡进行训练加速。对于 G-In 和 Asym-In，本章分别使用 Faster R-CNN 和 Mask R-CNN 作为基线方法，并且使用 schedule_1x 策略(即训练 12 个 epochs)对检测器进行训练。对于 COCO 数据集，训练器的初始化学习率为 0.005，并且分别在训练至第 8 和第 11 个 epochs 之后以 0.1 的倍率进行下降。在本章实验中，对于目标检测任务，其经过 RoIAlign 得到的感兴趣区域特征分辨率为 7×7，而对于实例分割任务，其经过 RoIAlign 得到的掩码和最后上采样输出的掩码分辨率分别为 14×14 和 28×28，在使用 ResNet-101 和 HTC 训练 Mask R-CNN 时，mini-batch size 设置为 1，初始学习率设置为 0.0025，因为它们需要占用更多内存。除非另有规定，本章默认使用 ResNet50-FPN 作为骨干网络来提取特征。对于 Cityscapes 数据集，总共训练了 64 个 epochs，并在第 48 个 epochs 后以 0.1 的倍率进行学习率下降，其他超参数设置与 COCO 数据集相同。对于 SBD 和 KINS 数据集，除了将输入图像分辨率分别固定为 512×512 和 768×2496 外，其他超参数和训练策略与 COCO 数据集保持一致。

5.4.2　与其他先进方法的对比实验

1. COCO 数据集上的实验结果

表 5.2 所示和图 5.6 展示了本章所提 CODH++在 COCO test-dev 数据集上与其他先进方法的比较结果。需要注意是在这一部分实验中默认同时使用提出的 U-FPN、U-Mask Head 和 CODH。此外为了进一步验证它是否可以很好地推广到其他方法，笔者还将其移植到 Mask Scoring R-CNN、Cascade Mask R-CNN 和 HTC 等更加强大的两阶段算法进行对比分析。

具体来说，对于 Mask R-CNN 基线方法，在实验中笔者首先使用本章提出的 G-In 模块对 FPN 进行了升级,接着使用 CODH 中提出的 EGCA 模块来捕获全局特征。然后分别对 BBox Head 和 Mask Head 进行了改进。对于 BBox Head 分支，使用了 SR(空间缩减)模块将实例特征张量压缩为 $256 \times 5 \times 5$，并且在两个 FC 层之后插入 AFE(自相关特征增强)和 CCR(互相关推理)模块来增强实例内部和实例间的特征交互。

表 5.2　COCO 数据集上的对比结果("†"代表使用提出的 CODH++)(%)

方 法	主干网络	Sched.	AP	AP^{75}	AP^s	AP^m	AP^l	APb	参数量
YOLACT[15]	Res-101	3×	31.2	32.8	12.1	33.3	47.1	—	—
PolarMask[16]	Res-101	2×	32.1	33.1	14.7	33.8	45.3		
EmbedMask[17]	Res-50	1×	33.6	35.4	15.1	35.9	47.3	38.2	
PolarMask++[18]	Res-101	2×	33.8	34.6	16.6	35.8	46.2		
MEInst[19]	Res-101	3×	33.9	35.4	19.8	36.1	42.3		
CenterMask	Hourglass-104	1×	34.5	36.3	16.3	37.4	48.4		
YOLACT++[20]	Res-101	3×	34.6	36.9	11.9	36.8	55.1	—	—
TensorMask[21]	Res-50	6×	35.4	37.3	16.3	36.8	49.3		
CondInst[22]	Res-50	1×	35.9	38.3	19.1	38.6	46.8		
GCNet[23]	Res-50	1×	37.0	39.5	20.2	39.6	48.5	41.1	54.17
QueryInst*	Res-50	1×	37.8	40.9	19.8	39.6	51.1	42.2	172.47
SOLOv2[24]	Res-50	3×	38.8	41.7	16.5	41.7	56.2	-	-
Mask R-CNN	Res-50	1×	34.9	37.1	19.0	37.4	45.0	38.3	44.17
Mask R-CNN†	Res-50	1×	36.9	39.7	20.2	39.2	47.8	39.5	37.05
Mask R-CNN	Res-50	2×	35.7	38.2	18.6	38.1	46.4	39.4	44.17
Mask R-CNN†	Res-50	2×	37.5	40.5	20.2	39.8	48.9	40.3	37.05
Mask R-CNN	Res-101	1×	36.5	38.9	19.6	39.2	47.8	40.4	63.16
Mask R-CNN†	Res-101	1×	37.9	40.8	20.4	40.6	49.7	40.9	56.04
Mask R-CNN	X101-32x4d	2×	38.1	41.0	20.6	40.7	50.3	42.6	62.80
Mask R-CNN†	X101-32x4d	2×	39.3	42.6	21.8	41.7	51.4	42.6	55.68
MS R-CNN	Res-50	1×	36.3	39.1	19.1	38.5	48.4	38.6	60.51

续表

方　法	主干网络	Sched	AP	AP^{75}	AP^s	AP^m	AP^l	APb	参数量
MS R-CNN†	Res-50	1×	38.2	41.6	20.7	40.5	50.3	39.3	46.94
Cascade R-CNN	Res-50	1×	36.1	39.0	19.1	38.5	47.4	41.4	77.10
Cascade R-CNN†	Res-50	1×	38.3	41.6	20.9	40.5	49.8	42.6	58.46
HTC	Res-50	1×	37.9	40.9	20.5	40.2	50.0	42.6	80.03
HTC†	Res-50	1×	39.2	42.5	21.4	41.4	51.7	43.2	61.39

对于 Mask Head 分支，本章使用 Asym-In 模块替换了原始的 3×3 卷积层。此外，Mask Scoring R-CNN 在原来的 BBox Head 和 Mask Head 的基础上增加了一个新的 Mask IoU Head。Mask IoU Head 的架构可以看作 Mask Head 和 BBox Head 子网络的组合，因为它同时包含卷积层和 FC 层。因此，在这一部分实验中笔者不仅改造了原来的 BBox Head 和 Mask Head，而且对 Mask IoU Head 使用了相同的策略。此外，对于 Cascade Mask R-CNN 和 HTC 多阶段检测器，在本章实验部署中对每个阶段的 BBox Head 和 Mask Head 都进行了升级。

从表 5.2 的对比结果可以看出，相对于 Mask R-CNN 基线方法，之前的工作如 Mask Scoring R-CNN(+ 16.34M)、Cascade Mask R-CNN(+ 32.93M)、HTC(+ 35.86M)均取得了不错的性能提升，但与此同时参数量也有较大幅度的提升。而相较而言，本章算法可以分别在 ResNet-50 和 ResNet-101 主干网络上获得+ 2.0%和+ 1.4%的 AP 增益，同时减少了 7.12M 的参数量，特别是对于大型目标，本章算法可以获得+2.8%的性能提升。此外，通过组装本章方法可以在更强的 Mask Scoring R-CNN(+1.9%)、Cascade Mask R-CNN(+ 2.2%)和 HTC(+ 1.3%)上实现持续的性能提升，同时分别减少了 13.57 M、18.64 M、18.64 M 的参数量，这也是对本章观点更有说服力的佐证。并且从图 5.6 的 GFLOPs 和精度对比结果图可以看出，本章方法能够装配在多个先进的实例分割网络中，并且可以在降低计算成本的同时获得性能增益。

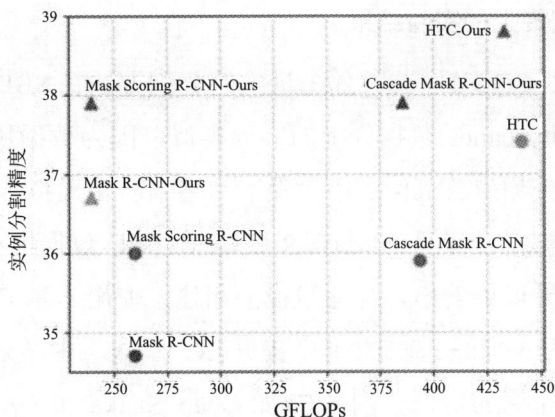

图 5.6　GFLOPs-精度对比图

2. Cityscapes 数据集上的实验结果

本节展示了 CODH++ 与其他先进方法在 Cityscapes 测试数据集上的比较结果。对于 Cityscapes 数据集，本章实验使用 Mask R-CNN 作为基线方法，并使用 ResNet-50 作为骨干网络来提取底层特征。从表 5.3 的对比结果看到，配备 CODH++ 后的 Mask R-CNN 达到了 30.8% 的 AP，超过了基线方法 4.7%。尤其对于"轿车"类别，本章方法实现了 22.3% 的性能提升。此外，本章方法也优于基于 Mask R-CNN 的变体方法 BMask R-CNN，获得 + 1.4% 的性能增益。通过上述实验结果表明，本章方法可以很好地适应小数据量的特殊应用场景，这也证明了本章方法的鲁棒性。

表 5.3　Cityscapes 数据集上的对比结果("†"代表使用本章提出的 CODH++)(%)

方 法	AP	人	骑手	轿车	卡车	公交车	火车	摩托车	自行车
BshapeNet[25]	27.1	29.6	23.4	47.2	26.1	33.3	24.8	21.5	14.1
BshapeNet++[25]	27.3	29.7	23.3	46.7	26.0	33.3	24.8	20.3	14.1
Affinity Net[26]	27.5	24.5	22.1	43.6	**29.4**	**38.2**	**31.9**	18.0	12.0
Neven et al.[27]	27.6	34.5	26.0	52.4	21.6	31.1	16.3	20.0	18.8
BMask R-CNN[28]	29.4	34.3	25.6	52.6	24.2	35.1	24.5	21.4	17.1
Mask R-CNN	26.1	27.6	24.4	31.4	26.2	35.4	26.1	21.1	16.4
Mask R-CNN†	**30.8**	**36.4**	**28.8**	**53.7**	26.0	36.3	24.1	**22.3**	**18.5**

3. SBD 数据集上的实验结果

表 5.4 展示了 CODH++与其他先进实例分割方法在 SBD 数据集上的实验结果。与 Cityscapes 数据集上的实验类似，因为数据量较少，所以这一部分实验也使用 ResNet-50 作为骨干网络来防止过拟合。表 5.4 中的最后一行显示了本章升级后的 Mask R-CNN 在 SBD 数据集上的 AP 指标结果。从实验结果可以看出，与基线模型相比，使用本章 CODH++后分别取得了+1.2%的 AP 和+1.9%的 AP^{75} 提升。此外，从表中结果可以看到，本章方法与基于轮廓的实例分割方法(如 Deep Snake 和 DANCE)相比具有明显的优势，当 IoU 阈值为 0.5 时，分别取得了+5.4%和+3.9%的性能增益。

表 5.4   SBD 数据集上的对比结果
("†" 代表使用本章提出的 CODH++)(%)

方 法	AP	AP^{50}	AP^{75}
ESE-50[29]	—	39.1	—
Deep Snake[30]	—	62.1	—
DANCE[31]	—	63.6	—
YOLACT	39.0	65.9	39.7
Mask R-CNN	40.3	67.0	42.4
Mask R-CNN†	**41.5**	**67.5**	**44.3**

4. KINS 数据集上的实验结果

表 5.5 展示了 CODH++与其他先进方法在 KINS 数据集上的比较结果。与 Cityscapes 和 SBD 数据集一样，这一部分实验使用了 ResNet-50 作为主干网络。从表 5.5 最后两行的对比结果可以看出，本章方法相对于原来的 Mask R-CNN 有巨大的性能提升(+3.2%)。此外，与 Mask R-CNN 的其他变体相比，CODH++分别以+1.5%和+3.4%的 AP 显著优势超越了 PANet 和 GCNet。特别地，在采用更严格的评估指标(即 IoU=0.75)的情况下，本章方法可以获得更明显的性能提升。这意味着本章方法可以获得更好的掩模质量和更精确的边界。

表 5.5　KINS 数据集上的对比结果

("†"代表使用本章提出的 CODH++)(%)

方　法	AP	AP^{50}	AP^{75}
MNC[32]	—	16.1	—
FCIs[33]	—	20.8	—
CARAFE[31]	22.8	45.2	19.1
GCNet	25.7	51.0	21.7
BCNet[35]	27.3	—	—
PANet[36]	27.6	—	—
Mask R-CNN	25.9	**51.6**	22.4
Mask R-CNN†	**29.1**	51.5	**30.1**

5.4.3　消融分析实验

本节从模块设计和参数选择等各个方面，在 COCO 数据集上对本章提出的每个模块进行了消融实验。此外，本节探索了不同模块组合对模型性能的贡献。

1. Asym-In 模块中不同的基拓扑结构设计

此实验探讨了 Asym-In 模块中基体系结构的设计选择问题。作为模块的标准组件，基拓扑对模型性能的影响会随着其数量的增加而累积。因此，高效的基组件对本章工作至关重要。具体来说，笔者在计算效率和模型性能方面共探索了 6 种基变体架构，如图 5.7 所示，分别记作基 Ⅰ～Ⅵ。特别地，基 Ⅰ、Ⅱ和Ⅳ中分支的输出通道维度为 64，Ⅲ基、Ⅴ和Ⅵ中分支的输出通道维度是 32。从图 5.7 可以看出，本章主要分析了并行和顺序拓扑结构。此外，本章还尝试通过一个 1×1 卷积层来压缩通道数，这样可以在聚合特征密度的同时减少模型参数量。总的来说，本章实验中的每个 Asym-In 模块均包含四种基，每个基的输出维度是输入的四分之一，最后通过沿通道维度拼接操作进行连接。在本实验中，这四种基的卷积核大小分别设置为{3,5,7,9}。

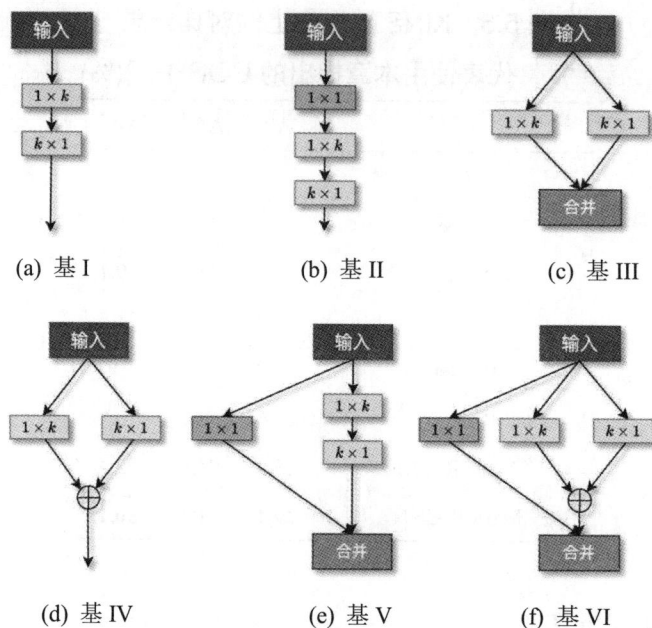

(a) 基 I   (b) 基 II   (c) 基 III

(d) 基 IV   (e) 基 V   (f) 基 VI

图 5.7　不同的基拓扑结构设计

从表 5.6 的对比结果可以看出，采用基 IV 的模型表现最好，但其参数量相比 3×3 卷积层也略有增加。相比之下，基 VI 的参数量仅为 3×3 卷积层的 0.72 倍，但可以得到与基 IV 相当的结果。其原因在于，基 VI 使用了 1×1 卷积层的跳跃连接架构和具有更大感受野的非对称卷积层，这可以更有效地建模空间维度和通道维度之间的特征交互关系。鉴于这个优势，本章选择基 VI 的拓扑作为 Asym-In 模块的默认分支结构。

表 5.6　Asym-In 模块中不同的基拓扑结构对性能的影响(%)

方 法	AP	AP^{50}	AP^{75}	参数量(M)
3×3	34.7	55.7	37.2	1×
基 I	34.5	55.6	36.8	0.83×
基 II	34.7	55.7	37.1	**0.44×**
基 III	35.0	55.7	37.5	0.66×
基 IV	**35.4**	**56.2**	**37.9**	1.33×
基 V	35.1	56.1	37.6	0.43×
基 VI	35.3	**56.2**	**37.9**	0.72×

2. Asym-In 模块的卷积核大小选择

在确定基拓扑结构之后，本节研究了 Asym-In 模块中卷积核大小对特征表示能力的影响。如表 5.7 所示，本节实验共测试了四组不同大小的卷积核。此外，本节以 3 × 3 参数量为基线，在表中展示了不同卷积核大小 Asym-In 模块的相对参数量。此外，众所周知，空洞卷积可以在不增加计算负担的情况下扩大卷积层的感受野，所以本节也比较了使用空洞卷积的模型性能。从表 5.7 的对比结果可以看出，在 Asym-In 模块中，随着卷积核尺寸的增大，模型的实例分割性能稳步上升。但是，这也导致了参数量略有增加。同时，表 5.7 中前两行的对比结果也说明了利用空洞卷积稀疏扩展感受野并没有增强模型的编码能力。最后，当卷积核大小为{3,5,7,9}时，Asym-In 的参数量仅是普通的 3 × 3 层的 0.72 倍，而它相对于 Mask R-CNN 基线方法(AP 值为 34.7%)可以获得+0.6%的性能提升。因此，为了在准确性和复杂性之间取得良好的折中，本章选择{3,5,7,9}分别作为 Asym-In 模块中四种基的卷积核大小。

表 5.7　Asym-In 模块的卷积核大小对性能的影响(%)

方　法	空洞率	AP	AP^{50}	AP^{75}	参数量(M)
{1, 3, 5, 7}	{1, 1, 1, 1}	35.0	56.0	37.7	**0.5 ×**
{1, 3, 5, 7}	{2, 2, 2, 2}	34.9	56.0	37.2	**0.5 ×**
{3, 5, 7, 9}	{1, 1, 1, 1}	35.3	**56.2**	**37.9**	0.72 ×
{5, 7, 9, 11}	{1, 1, 1, 1}	**35.4**	**56.2**	37.8	0.94 ×
{3, 5, 9, 11}	{1, 1, 1, 1}	35.2	56.1	37.8	0.83 ×
{7, 9, 11, 13}	{1, 1, 1, 1}	35.3	**56.2**	37.6	1.17 ×

3. 标准化方法选择

在深度神经网络中，标准化层(Normalization Layer)主要用于网络各个层之间的标准化，以便加速模型训练和提高准确性。常见的标准化层有批量标准化(Batch Normalization, BN)[37]、层标准化(Layer Normalization, LN)[38]、实例标准化(Instance Normalization, IN)[39]和组标准化(Group Normalization, GN)[40]等。其中, BN 是一种通过对每个小批次中的数据进行标准化, 以便规范化神经网络不同层之间输入分布的方法。BN 有助于加速网络的训练, 减轻梯度消失的问题, 并提高模型的准确性。LN 是一种在神经网络每个层中应用的标准化技术, 与 BN 不同, 它通过对每个特征的数据进行标准化来进行规范化。LN 通常用于循环神经网络中, 因为 BN 在这种情况下可能会导致无法收敛。IN 是一种将图像中的每个通道单独进行标准化的技术, 通常用于图像风格转换和图像分割等任务。GN 是一种介于 BN 和 LN 之间的技术, 它将一个大的批次分成若干小组进行标准化, 这些小组内的样本共享相同的特征图, 从而避免了批标准化在小批量大小下的性能下降。这些标准化层的共同作用是规范化网络的输入分布, 加速训练, 减轻梯度消失问题, 提高模型的准确性。

因此在表 5.8 中, 笔者尝试在 Asym-In 中所有 ReLU 激活层之前添加不同的归一化方法以适应训练数据的分布变化。具体来说, 在这一部分实验中使用了上述的 BN、LN、IN 和 GN 来进行对比分析, 并且对于 GN, 本节还进一步探讨了不同分组数量对模型性能的影响。从表 5.8 的结果可以看出, 所有的归一化方法都可以提高网络的性能。而当分组数量为 4 时, 使用 GN 可以带来最大的性能增益, 所以本章采用了此参数作为默认设置。

表 5.8　标准化方法对模型性能的影响(%)

方法	AP	AP^{50}	AP^{75}
BN	35.6	56.4	38.4
LN	35.4	55.9	37.9
IN	35.4	56.2	38.0
GN(g=4)	**35.7**	**56.5**	**38.5**
GN(g=16)	35.6	56.3	38.4

4. Asym-In 模块数量选择

表 5.9 中展示了在 Mask Head 中使用不同数量 Asym-In 模块对模型性能的影响。从实验结果可以看出，使用 4 个 Asym-In 模块相对于使用 4 个普通 3×3 卷积，已经可以获得+1.0%的性能增益。此外，随着堆叠的 Asym-In 模块数量 N 逐渐增加，模型的实例分割精度也单调增加。但是，从对比结果也可以看出，当 Asym-In 模块的数量超出一定范围后其对模型性能的影响也逐渐降低。当 $N=6$ 时，不仅可以取得良好的性能增益也引入了相对较少的参数量和计算量，因此在本章最终模型中使用其作为默认参数。

表 5.9　Asym-In 模块数量对模型性能的影响(%)

Asym-In 模块数量	AP	AP^{50}	AP^{75}
4	35.7	**56.5**	38.5
6	35.9	56.4	**38.8**
8	36.0	56.4	38.7
10	**36.1**	56.5	**38.8**

5. 与 Inception 和 ResNext 模块对比分析

表 5.10 比较了使用 Inception 和 ResNext 模块替换 Mask Head 中的 3×3 卷积层的模型结果。在对比实验中，本章使用的 Inception 和 ResNext 模块架构如图 5.8 所示。具体来说，在 Inception 模块中，每个分支的输出通道维度从左到右为{32, 128, 32, 32}，前两个 1×1 维度压缩层和最大池化层之后的特征映射层的输出通道数量分别为{16, 96, 32}。此外，对于 ResNext 模块，本章实验使用了其论文提出的 32×4d 的模板结构。同时遵循原文，本章对于这两个模块都采用了 ReLU 非线性激活层。从对比结果中可以看出，本章方法更具竞争力，这是因为其不仅可以拓宽网络，还可以捕获更多的远程依赖关系。

表 5.10　Asym-In 与 Inception 和 ResNext 模块对比(%)

方 法	AP	AP^{50}	AP^{75}
Asym-In	**35.7**	**56.5**	**38.5**
Inception	35.2	56.2	37.9
ResNext	34.5	55.7	36.6

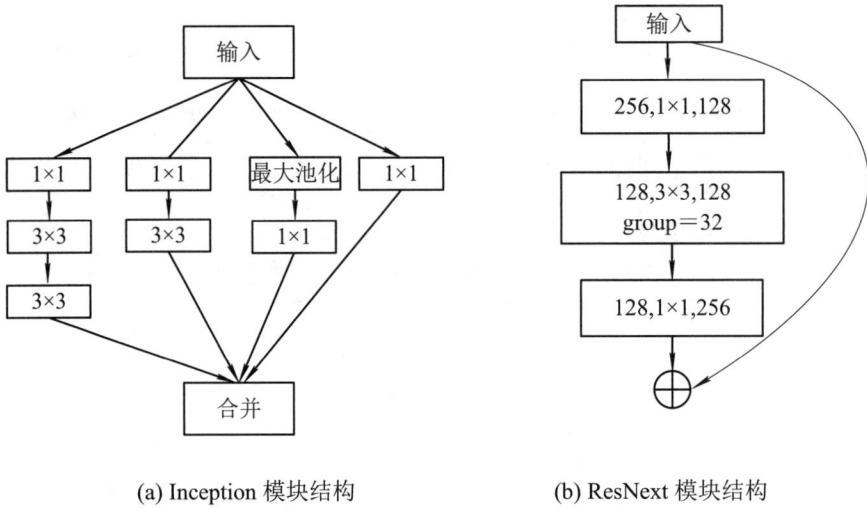

(a) Inception 模块结构　　　　(b) ResNext 模块结构

图 5.8　本章对比实验中使用的 Inception 和 ResNext 模块

6. U-FPN 中卷积核大小的选择

如前所述，FPN 包含两种类型的卷积层，分别是大小为 1×1 和 3×3 的卷积层。相应地，为了在不增加参数量的情况下增强模型的特征感知能力，本章使用了提出的 G-In 和 Asym-In 模块替换了这两个普通卷积层。本节实验分别研究了卷积核大小对 FPN 中这两个模块性能的影响。需要注意的是，因为 FPN 是 Mask Head 和 BBox Head 的上游共享组件，所以在此仅基于 Faster R-CNN 进行了消融实验。

从表 5.11 和表 5.12 的结果可以看出，在 FPN 中使用相对较小的卷积核更容易建模局部特征的交互关系，这是因为其处理的图片级别全局特征中大部分为杂乱的背景信息。因此，本章对于 G-In 模块设定 $\{m1, m2\}=\{3, 3\}$，$\{g1, g2\}=\{16, 16\}$，对于 Asym-In 模块设定 $\{k1, k2, k3, k4\}=\{1, 3, 5, 7\}$ 来

分别替换 FPN 中的 1×1 和 3×3 卷积层。此外，通过以上设置，在 FPN
中本章方法可以取得比原始卷积层更少的参数量。因此，本节在表 5.11
和表 5.12 中通过对 1×1 和 3×3 卷积使用组卷积分析了相似参数下模型
的性能。从结果可以看出，与直接压缩参数的简单方式相比，本章方法具
有明显的优势。

表 5.11　G-In 模块卷积核大小对模型性能的影响

(APb 表示检测任务的 AP 值)(%)

方法	空洞率	APb	APb^{50}	APb^{75}	参数量(M)
1×1	{1}	37.4	58.1	40.4	1×
1×1	{2}	37.2	58.2	40.0	1×
{3, 3}	{16, 16}	**37.8**	58.8	**41.0**	**0.41×**
{3, 5}	{16, 32}	37.6	58.7	40.7	0.59
{5, 7}	{32, 64}	37.7	**59.4**	40.7	0.61×

表 5.12　U-FPN 中 Asym-In 模块卷积核大小对模型性能的影响(%)

方法	空洞率	APb	APb^{50}	APb^{75}	参数量(M)
3×3	{1}	37.4	58.1	40.4	1×
3×3	{2}	37.3	58.4	40.0	**0.5×**
{1, 3, 5, 7}	{1, 1, 1, 1}	**37.9**	**59.3**	41.0	**0.5×**
{3, 5, 7, 9}	{2, 2, 2, 2}	37.7	58.6	**41.1**	0.75×

7. 模块级别消融实验

上面的小节分别对每个提出的组件进行了消融实验，以选择最佳拓
扑和参数。而本节展示了不同组件的组合对整体模型性能的影响。此外，
第 2 章提出的 CODH 在目标检测任务中表现出了出色的性能，而本章提
出的 U-FPN 和 U-Mask Head 可以进一步弥补 FPN 和 Mask Head 的设计
缺陷。因此，通过结合这三种方法可以进一步提升目标检测和实例分割
任务的性能。综上，在表 5.13 中分别探讨了上述三个组件对性能增益的

贡献。如表中结果所示，本章提出的 U-Mask Head 有利于实例分割任务，而 U-FPN 有利于目标检测任务。最后，与 Mask R-CNN 基线方法相比，CODH++在实例分割任务和目标检测任务上可以分别获得+ 2.0%和+ 1.0%的性能提升。

表 5.13　不同模块对模型性能贡献对比分析(%)

U-FPN	U-Mask Head	CODH	AP	AP^{50}	AP^{75}	APb	APb^{50}	APb^{75}	参数量(M)
			34.7	55.7	37.2	38.2	58.8	41.4	44.17
	√		35.9	56.4	38.8	38.1	58.7	41.8	44.37
√			34.6	56.3	36.9	38.4	59.6	41.7	42.81
		√	35.1	56.6	37.4	38.9	59.8	**42.5**	40.77
√	√	√	**36.7**	**57.9**	**39.4**	**39.2**	**60.4**	**42.5**	**37.05**

5.4.4　可视化结果分析

与其他主流算法相比，本章提出的 CODH++提供了更高效的可替换模块，也更容易理解和部署。为了更直观地展示本章方法的优越性，图 5.9 显示了 CODH++和 YOLACT、Mask R-CNN、Mask Scoring R-CNN 和 Cascade Mask R-CNN 预测结果的对比。正如前面定量实验对比结果所示，本章方法可以通过更准确的定位和更精细的分割边界产生更具竞争力的结果，例如，从图 5.9 最后一列的对比中可以看出，本章提出的 CODH++ 成功分割出了床的边界，而其他方法均未分割出这一目标。图 5.10 可视化了中间特征热度图，这些特征热图获取自 FPN 中 $P2{\sim}P5$ 阶段输出特征图的融合结果。从结果可以看出，本章方法可以在 FPN 中生成更具辨别力的特征，例如从图 5.10 的第 2 列可以看出本章的 CODH++可以更好地突出物体特征，这也得益于所设计的更高效的 U-FPN 组件。此外，如图 5.11 所示，从实例分割质量的比较可以看出 CODH++在处理难以区分的实例边界方面表现更好，并且对前景预测具有更高的置信度。

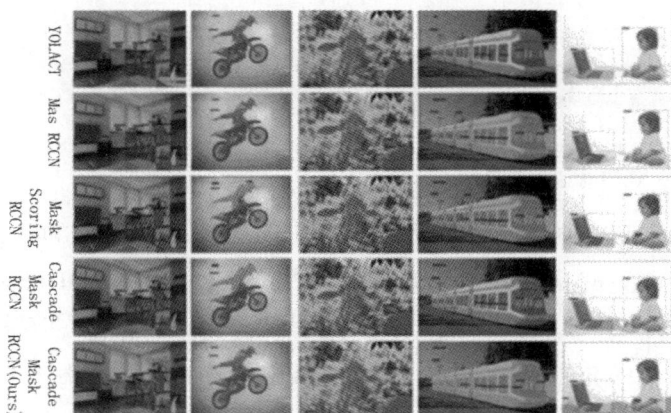

图 5.9　与其他实例分割方法结果对比

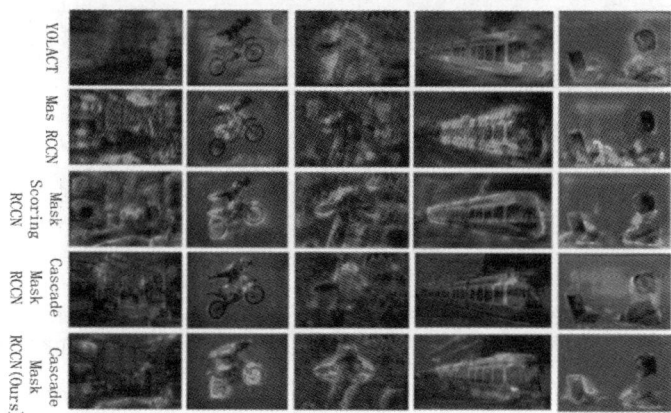

图 5.10　与其他实例分割方法中间特征热力图对比

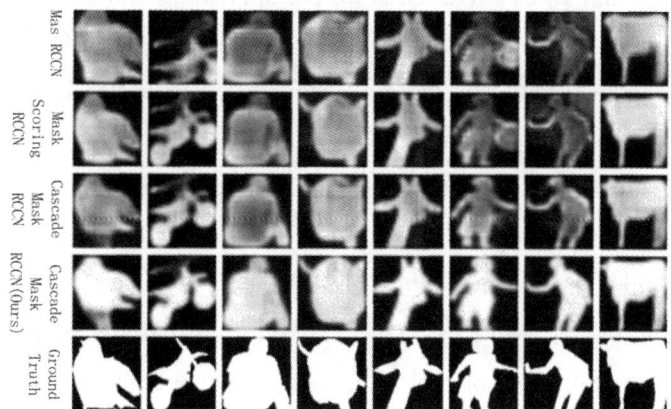

图 5.11　与其他实例分割方法实例分割质量对比

本 章 小 结

本章基于 FPN 和 Mask Head 子网络中的特征宏观形态差异提出了更高效的 G-In 和 Asym-In 模块，并以此建立了实例分割模型 CODH++。本章提出的 CODH++不仅可以通过更大的感受野来学习全局特征交互从而帮助模型产生更具辨别力的特征，还可以减少网络参数的数量以构建更紧凑的网络。本章在 COCO、Cityscapes、SBD 和 KINS 数据集上进行了大量对比实验，实验结果也验证了本章方法在物体检测和实例分割任务中都具有非凡的性能。此外，本章方法作为即插即用的模块，还可以扩展到其他两阶段方法，使其成为更高效的网络。

参 考 文 献

[1] LIANG T, CHU X, LIU Y, et al. Cbnet: A composite backbone network architecture for object detection[J]. IEEE Transactions on Image Processing, 2022, 31: 6893-6906.

[2] GUO C, FAN B, ZHANG Q, et al. Augfpn: Improving multi-scale feature learning for object detection[C]//Proceedings of the IEEE/CVF Conference on Computer Vision and Pattern Recognition.Seattle,WA,USA:IEEE,2020: 12595-12604.

[3] WANG T, ZHANG X, SUN J. Implicit feature pyramid network for object detection[DB/OL]. arXiv preprint arXiv:2012.13563, 2020.https://arxiv.org/abs/2012.13563.

[4] CHEN P Y, CHANG M C, HSIEH J W, et al. Parallel residual bi-fusion feature pyramid network for accurate single-shot object detection[J]. IEEE transactions on Image Processing, 2021, 30: 9099-9111.

[5]　LEE Y, PARK J. Centermask: Real-time anchor-free instance segmentation [C]//Proceedings of the IEEE/CVF Conference on Computer Vision and Pattern Recognition. Seattle,WA,USA:IEEE,2020: 13906-13915.

[6]　CAI Z, VASCONCELOS N. Cascade r-cnn: Delving into high quality object detection[C]//Proceedings of the IEEE Conference on Computer Vision and Pattern Recognition.Salt Lake City,UT,USA:IEEE, 2018: 6154-6162.

[7]　CHEN K, PANG J, WANG J, et al. Hybrid task cascade for instance segmentation[C]//Proceedings of the IEEE/CVF Conference on Computer Vision and Pattern Recognition. Long Beach,CA,USA:IEEE,2019: 4974-4983.

[8]　HUANG Z, HUANG L, GONG Y, et al. Mask scoring r-cnn[C]//Proceedings of the IEEE/CVF Conference on Computer Vision and Pattern Recognition. Long Beach,CA,USA:IEEE,2019: 6409-6418.

[9]　SZEGEDY C, LIU W, JIA Y, et al. Going deeper with convolutions[C]//Proceedings of the IEEE Conference on Computer Vision and Pattern Recognition.Boston,MA,USA:IEEE, 2015: 1-9.

[10]　YANG J, LI C, ZHANG P, et al. Focal self-attention for local-global interactions in vision transformers[DB/OL]. arXiv preprint arXiv:2107.00641, 2021.https://arxiv.org/abs/2107.00641.

[11]　LIU Z, LIN Y, CAO Y, et al. Swin transformer: Hierarchical vision transformer using shifted windows[C]//Proceedings of the IEEE/CVF International Conference on Computer Vision.Montreal,Canada:IEEE, 2021: 10012-10022.

[12]　FANG Y, YANG S, WANG X, et al. Instances as queries[C]//Proceedings of the IEEE/CVF International Conference on Computer Vision. Montreal,Canada:IEEE, 2021: 6910-6919.

[13]　XIE S, GIRSHICK R, DOLLÁR P, et al. Aggregated residual transformations for deep neural networks[C]//Proceedings of the IEEE Conference on Computer Vision and Pattern Recognition. Honolulu, HI,

USA:IEEE, 2017: 1492-1500.

[14] ZHU M. Dynamic feature pyramid networks for object detection[C]//Fifteenth International Conference on Signal Processing Systems (ICSPS 2023).Xi`an,China: SPIE, 2024, 13091: 503-511.

[15] BOLYA D, ZHOU C, XIAO F, et al. Yolact: Real-time instance segmentation[C]//Proceedings of the IEEE/CVF International Conference on Computer Vision.Seoul,South Korea:IEEE, 2019: 9157-9166.

[16] XIE E, SUN P, SONG X, et al. Polarmask: Single shot instance segmentation with polar representation[C]//Proceedings of the IEEE/CVF Conference on Computer Vision and Pattern Recognition.Seattle,WA,USA:IEEE, 2020: 12193-12202.

[17] YING H, HUANG Z, LIU S, et al. Embedmask: Embedding coupling for one-stage instance segmentation[DB/OL]. arXiv preprint arXiv:1912.01954, 2019.https://arxiv.org/abs/1912.01954.

[18] XIE E, WANG W, DING M, et al. Polarmask++: Enhanced polar representation for single-shot instance segmentation and beyond[J]. IEEE Transactions on Pattern Analysis and Machine Intelligence, 2021, 44(9): 5385-5400.

[19] ZHANG R, TIAN Z, SHEN C, et al. Mask encoding for single shot instance segmentation[C]//Proceedings of the IEEE/CVF Conference on Computer Vision and Pattern Recognition.Seattle,WA,USA:IEEE, 2020: 10226-10235.

[20] BOLYA D , ZHOU C , XIAO F , et al. YOLACT++ Better Real-Time Instance Segmentation[J]. IEEE Transactions on Pattern Analysis and Machine Intelligence, 2022, 44(2):1108-1121.

[21] CHEN X, GIRSHICK R, HE K, et al. Tensormask: A foundation for dense object segmentation[C]//Proceedings of the IEEE/CVF International Conference on Computer Vision.Seoul,South Korea:IEEE, 2019: 2061-2069.

[22] TIAN Z, ZHANG B, CHEN H, et al. Instance and panoptic segmentation using conditional convolutions[J]. IEEE Transactions on Pattern Analysis

and Machine Intelligence, 2022, 45(1): 669-680.

[23]　CAO Y, XU J, LIN S, et al. Gcnet: Non-local networks meet squeeze-excitation networks and beyond[C]//Proceedings of the IEEE/CVF International Conference on Computer Vision. Seoul,South Korea:IEEE, 2019.

[24]　WANG X, ZHANG R, KONG T, et al. Solov2: Dynamic and fast instance segmentation[J]. Advances in Neural Information Processing Systems, 2020, 33: 17721-17732.

[25]　KANG B R, LEE H, PARK K, et al. Bshapenet: Object detection and instance segmentation with bounding shape masks[J]. Pattern Recognition Letters, 2020, 131: 449-455.

[26]　XU X, CHIU M T, HUANG T S, et al. Deep affinity net: Instance segmentation via affinity[DB/OL]. arXiv preprint arXiv:2003.06849, 2020. https:arxiv.org/abs/2003.06849.

[27]　NEVEN D, BRABANDERE B D, PROESMANS M, et al. Instance segmentation by jointly optimizing spatial embeddings and clustering bandwidth[C]//Proceedings of the IEEE/CVF Conference on Computer Vision and Pattern Recognition. Long Beach,CA,USA:IEEE,2019: 8837-8845.

[28]　CHENG T, WANG X, HUANG L, et al. Boundary-preserving mask r-cnn[C]//Proceedings of the 16th European Conference on Computer Vision. Glasgow, UK:Springer, 2020: 660-676.

[29]　XU W, WANG H, QI F, et al. Explicit shape encoding for real-time instance segmentation[C]//Proceedings of the IEEE/CVF International Conference on Computer Vision.Seoul,South Korea:IEEE, 2019: 5168-5177.

[30]　PENG S, JIANG W, PI H, et al. Deep snake for real-time instance segmentation[C]//Proceedings of the IEEE/CVF Conference on Computer Vision and Pattern Recognition.Seattle,WA,USA:IEEE, 2020: 8533-8542.

[31]　LIU Z, LIEW J H, CHEN X, et al. Dance: A deep attentive contour model for efficient instance segmentation[C]//Proceedings of the IEEE/CVF Winter Conference on Applications of Computer Vision.Waikoloa,HI,USA:IEEE,

2021: 345-354.

[32] DAI J, HE K, SUN J. Instance-aware semantic segmentation via multi-task network cascades[C]//Proceedings of the IEEE Conference on Computer Vision and Pattern Recognition. Las Vegas,NV,USA:IEEE, 2016: 3150-3158.

[33] LI Y, QI H, DAI J, et al. Fully convolutional instance-aware semantic segmentation[C]//Proceedings of the IEEE Conference on Computer Vision and Pattern Recognition.Honolulu,HI,USA:IEEE, 2017: 2359-2367.

[34] WANG J, CHEN K, XU R, et al. Carafe: Content-aware reassembly of features[C]//Proceedings of the IEEE/CVF International Conference on Computer Vision.Seoul,South Korea:IEEE, 2019: 3007-3016.

[35] KE L, TAI Y W, TANG C K. Deep occlusion-aware instance segmentation with overlapping bilayers[C]//Proceedings of the IEEE/CVF Conference on Computer Vision and Pattern Recognition.Nashville,TN,USA:IEEE, 2021: 4019-4028.

[36] LIU S, QI L, QIN H, et al. Path aggregation network for instance segmentation[C]//Proceedings of the IEEE Conference on Computer Vision and Pattern Recognition. Salt Lake City,UT,USA:IEEE,2018: 8759-8768.

[37] IOFFE S, SZEGEDY C. Batch normalization: Accelerating deep network training by reducing internal covariate shift[C]//International Conference on Machine Learning.Lille,France: PMLR, 2015: 448-456.

[38] BA J L, KIROS J R, HINTON G E. Layer normalization[DB/OL]. arXiv preprintarXiv:1607.06450,2016.https://arxiv.org/abs/1607.06450.

[39] ULYANOV D, VEDALDI A, LEMPITSKY V. Instance normalization: The missing ingredient for fast stylization[DB/OL]. arXiv preprint arXiv:1607.08022, 2016.https://arxiv.org/abs/1607.08022.

[40] WU Y, HE K. Group normalization[C]//Proceedings of the European conference on computer vision (ECCV).Munich,Germany:Springer, 2018: 3-19.

第 6 章　联合物体轮廓点和语义的
实例分割方法

本章针对实例分割算法中物体边缘难以准确处理的问题展开研究。第一节介绍研究背景、研究动机和方法概述；第二节介绍本章提出的联合物体轮廓点和语义的实例分割算法；第三节进行实验验证及对比分析；最后对本章进行总结。

6.1　引　　言

6.1.1　研究背景

在实例分割任务中，物体边缘的准确分割对于高质量的分割结果至关重要。实例分割的目标是将图像中的每个实例精确分割出来，如果物体的边缘分割不准确，将导致分割结果不完整或出现错误的分割边缘，从而影响整个实例分割的精度评估。

在实例分割任务中，通常使用像素级别 IoU 指标来评估分割结果的准确性。然而，物体边缘的错误分割会导致 IoU 计算不准确，从而影响实例分割的质量评估。此外，物体边缘在一些应用场景中具有重要的意义，例如在人脸分割中，眉毛、鼻子和嘴巴等位置的边缘是人脸特征的重要组成部分。因此，在实例分割任务中，实现准确的物体边缘分割对于保证分割

结果精度以及在一些特定应用场景下的有效性具有至关重要的意义。但是高精度的实例边缘分割还面临以下挑战:

• 不同实例之间的相似性: 不同实例之间的边界可能非常相似, 这使得模型难以分辨它们之间的界限。在这种情况下, 算法需要能够准确地识别每个实例的边缘。

• 与背景的交界处: 实例与背景之间的边缘通常比实例之间的边缘更难以准确分割。这是因为实例与背景之间的边缘通常是模糊的, 可能包含一些噪声或干扰。因此, 算法需要能够识别实例与背景之间的边缘, 同时减少误分割的噪声和干扰。

• 多实例相互交叉: 在复杂的场景中, 不同实例之间可能会相互交叉, 使得它们之间的边界更加复杂。在这种情况下, 算法需要能够精确地识别交叉点, 以便正确分割每个实例的边缘。

• 边界不平滑: 对于非规则形状的实例, 例如自然物体, 它们的边界可能不是平滑的, 因此会出现边缘断裂或者空洞等情况, 这也会给实例分割带来挑战。

因此, 为了提高物体边缘的分割准确性, 需要采用多种算法和技术, 并结合多种策略来提高算法的性能和精度。

6.1.2　研究动机

现有的实例分割方法大部分都是通过逐像素分类来实现的, 所以相对于目标检测任务需要更精细的标注信息。在像素标注过程中, 标注者需要通过连接点的形式来获取实例的边缘轮廓以区分哪些像素属于该物体实例, 因此, 制作分割数据集需要耗费大量的人力和时间。而这种连接点式的标注过程恰恰与关键点检测任务标注过程一致。关键点检测(Keypoint Detection)是计算机视觉中的一项重要任务, 其目标是在给定的图像中自动检测出特定物体的关键点位置。关键点通常是表示物体的特定部位或形态的点, 例如人体的关节、面部表情、动物的眼睛等等。通过检测关键点, 可以实现对物体的精细分析和识别, 从而更好地理解图像内容。

实例分割和关键点检测任务都是需要手动标注的计算机视觉任务。它们的相似之处在于它们都需要人工在图像中标注物体的位置和边界信息，以便机器学习算法能够学习到这些关键信息，从而在未来的图像中检测和分割相似的物体。具体来说，实例分割和关键点检测任务都需要在图像中手动绘制边界或关键点。在实例分割任务中，标注人员需要将每个物体的轮廓完整地绘制出来，并在物体内部填充颜色，以区分不同的实例；在关键点检测任务中，标注人员需要在图像中标注物体的关键点，这些关键点通常表示物体的特定部位或形态。在实例分割中，边缘是非常重要的信息，因此可以利用边缘信息来提高算法的准确性。例如，可以使用边缘检测算法来检测边缘信息，并将其作为先验知识来帮助实例分割算法，或者使用基于边缘的方法来优化分割结果。而物体的关键点不仅具有描述其整体特征的能力，而且能够很好地应对不同的姿态或变形状态。

受此启发，本章考虑将人体关键点检测任务推广至任意物体，以其轮廓关键点来描述物体的边缘信息，并更进一步地，以这种边缘信息作为辅助任务，帮助实例分割任务更加关注物体的边缘轮廓。同时，这种多任务联合学习的联合训练方式有两个优点：一方面使得模型能够共享特征提取器和中间层表示，从而使得模型能够更好地泛化到不同的任务中，提高其泛化性能；另一方面，多个任务之间具有一定的互补性，即可以共享一些通用的特征，同时也存在一些任务特定的特征，因此，通过联合训练可以使得模型更好地学习任务之间的共性和个性，从而提高模型的综合性能。

6.1.3　方法概述

卷积神经网络在特征提取过程中随着网络深度的增加，会逐渐使用池化技术对输入的特征张量进行下采样，这会导致实例边界细节的丢失。与此同时，深度学习是一种典型的数据驱动方法。因此，为了在数据量有限的情况下提高实例分割的准确性并保留实例对象的轮廓细节，本章提出将实例对象的轮廓点检测作为辅助任务来加强网络对实例的关注边界，记作Mask Point R-CNN。

具体地，本章方法以两阶段实例分割方法 Mask R-CNN 和关键点检测方法 Keypoint R-CNN 为基础，将这两种方法进行了融合扩展，主要目的是利用关键点检测技术来构建物体的轮廓边缘。

但是,Keypoint R-CNN 是为人体关键点任务所建立的,因此,其只能获取到预定义的人体骨骼关键点的预测结果,无法直接利用其获取任意感兴趣物体的轮廓点。同时,实例分割数据集并没有可利用的轮廓点标注信息用于监督训练学习。因此,本章的首要任务便是将关键点检测任务推广到任意感兴趣目标,为所有原始标注的实例构建轮廓点标注信息。其次,为了构建多任务联合训练模型,本章在 Mask R-CNN 的目标定位分类、分割掩码生成的两条头部分支网络的基础上新增了物体轮廓关键点预测辅助分支任务。接着,利用特征对齐和特征融合技术将轮廓关键点预测的中间特征图与分割特征图相融合,以物体轮廓热图作为约束促使网络模型更加关注物体的边缘。最后,为完成物体轮廓关键点预测任务,本章对 Mask R-CNN 原有的损失函数进行了更新。

总的来说,本章提出了一种名为 Mask Point R-CNN 的实例分割方法,其不仅可以将人体关键点检测任务扩展到任何对象的轮廓点检测,从而加强神经网络对物体边界的关注,还能够有效使用特征融合策略和多任务联合训练来提高不同任务之间的梯度流。

6.2　Keypoint R-CNN 介绍与分析

与 Mask R-CNN 一样,Keypoint R-CNN 也是在 Faster R-CNN 的基础上进行改进的,用于同时进行物体检测和关键点检测任务。Keypoint R-CNN 采用了 Faster R-CNN 中的 RPN 网络来生成候选区域,并使用了 RoIAlign 来提取候选区域的特征表示。在这些特征表示之上,Keypoint R-CNN 增加了一个关键点分支,用于检测每个目标实例的关键点。

具体来说,Keypoint R-CNN 在 RoIAlign 后增加了一个由卷积层和 FC 层组成的关键点头网络,用于预测目标实例的关键点。该关键点头网络可以生成每个实例中关键点的热图(Heatmap),每个热图像素表示该位置是否属于关键点。在训练期间,Keypoint R-CNN 采用多任务损失函数,其中物体检测分支和关键点分支的损失函数都被考虑在内。

在 Keypoint R-CNN 中，其 Keypoint Head 与 Mask R-CNN 的 Mask Head 非常相似，都由堆叠的卷积层和上采样层组成。具体来说，Mask Head 使用了四个 3×3 卷积层和一个上采样层，以获得分辨率为 28×28 的掩码预测输出张量。然后，它使用卷积层使其预测通道数量与总的对象类别一致。比如 COCO 数据集有 81 个类(包括背景类)，所以 Mask Head 最终可以得到 $28 \times 28 \times 81$ 的输出张量。相比之下，Keypoint Head 使用 8 个 3×3 卷积层和两个上采样层来获得分辨率为 56×56 的输出张量。此外，在 Keypoint R-CNN 中使用独热(One-Hot)掩码表示对每个关键点位置进行编码，并使用全卷积网络为每个关键点预测二进制掩码。比如 COCO 的人体姿态估计数据集有 17 个不同位置的 keypoints，所以 Keypoint Head 最终可以得到 $56 \times 56 \times 17$ 的输出张量。

6.3　轮廓关键点提取

为了对物体轮廓边界点检测辅助任务进行监督训练，需要提取物体轮廓点的标签，但是一般使用的数据集，例如分割任务，只提供了一个二进制的真实(Ground Truth)掩码标签，所以本章需要人为提取实例的轮廓点作为联合训练的监督标签。此外，CNN 网络需要具有恒定通道维度的输入训练数据。相应地，如图 6.1 所示，对于新增加的轮廓关键点辅助任务也需要提取固定数量的边界点。

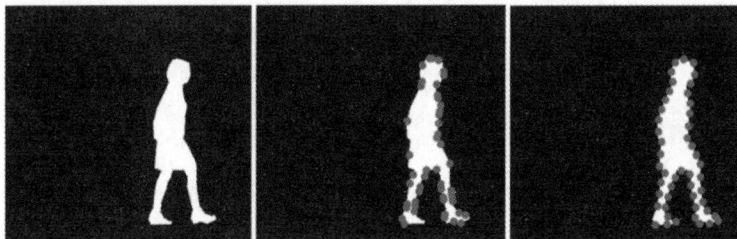

输入图片　　　　　　角点采样　　　　　　均匀采样

图 6.1　轮廓角点采样和均匀采样示例

本章通过对实例轮廓进行采样来生成用于关键点检测的训练标签。在制作实例轮廓点标签时需要考虑两个问题：① 使用何种采样方法。② 需要多少个采样点。对于问题 ①，本章尝试了两种方法：角点采样和均匀采样，如图 6.1 所示。角点采样是一种非均匀采样方法，它主要针对轮廓区域中存在的边缘点和表面变化明显的点进行采样。具体来说，角点采样算法首先计算轮廓区域中每个点的曲率或法向量变化，然后对曲率或法向量变化大的点进行采样，以便更好地捕捉物体边缘轮廓的特征。相比之下，均匀采样则是一种均匀分布采样方法，它在轮廓区域中按照固定的间隔或比例进行采样，以确保采样点分布均匀。而对于问题②，由于训练数据集中实例规模差异显著，采样得到的点数可能小于设定数量。对此，本章随机选择现有的采样点进行填充。此外，轮廓点的数量设置是一个至关重要的问题，因为当数量很大时，会增加计算开销。但是，如果数量太少，则不能充分表示物体的几何形状。对此，本章在实验章节中通过相应的实验分析对这个问题做出了解答。

6.4   多任务联合训练框架

依据参照文献[1]中的定义，本章使用符号 $\{\tau_i\}_{i=1}^m$ 来描述多任务训练深度学习模型，其中 m 表示子任务的数量。本章框架中 $m=4$，包括边界框回归任务、分类任务、目标分割任务和新添加的物体轮廓点检测任务。假设使用的数据集 D 总共包含 i 个训练样本，则 $D=\{x_i^j, y_i^j\}$，其中 x_i^j 是 τ_i 中的第 j 个训练实例，y_i^j 是其对应的训练标签。本章对具有不同训练标签的不同学习任务使用相同的训练数据，即 $x_i=x_l$、$y_i \neq y_l$ 且 $(i,l) \in \mathbb{R}^m$。具体地，边界框回归任务的训练标签是物体的中心点坐标及其宽和高。而对于实例分割任务，训练标签就是对应的二进制掩码。相比之下，轮廓点检测任务的训练标签则是对物体边界进行采样得到的边缘聚合点。图 6.2 显示了本章多任务联合训练模型的整体架构。

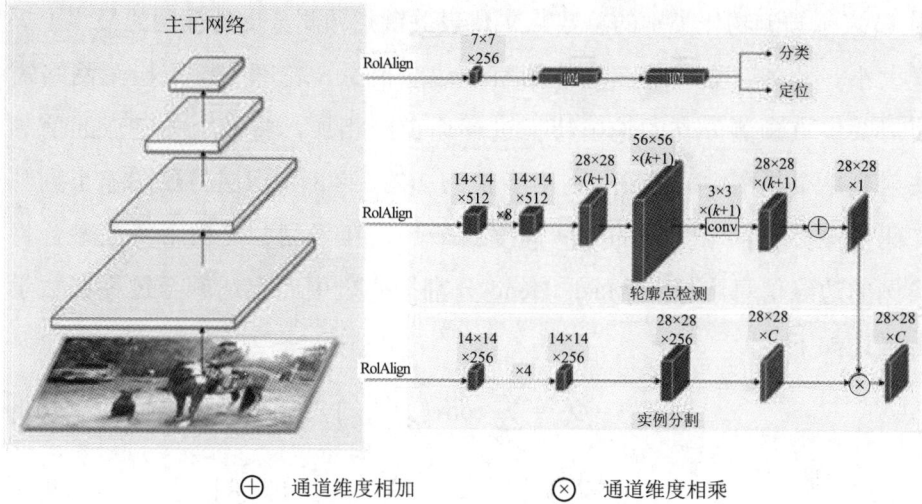

图 6.2　Mask Point R-CNN 网络结构

在 Mask Point R-CNN 中，BBox Head 和 Mask Head 是原始 Mask R-CNN 的标准组件。在其基础之上，本章通过添加轮廓关键点检测分支，使得多任务模型可以同时与其他头网络进行联合训练。本章利用 k 个边缘聚合点和物体的中心点，共 $k+1$ 个点，作为关键点标签信息进行训练。为了更直观地理解，图 6.3 展示了一个简单的示意图，其中顶点代表待预测三角形的轮廓点。

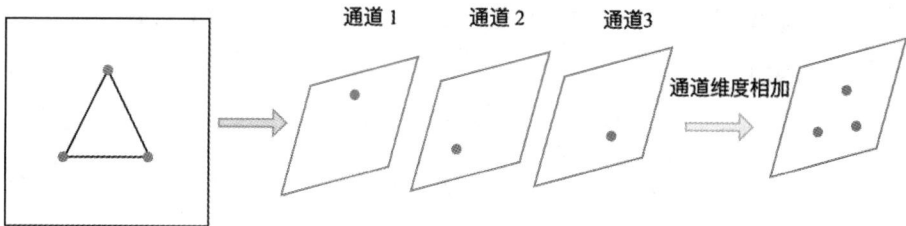

图 6.3　轮廓点预测示意图

在 Mask R-CNN 的关键点检测任务中为每个关键点生成一个尺寸大小为 $M \times M$ 的热力图，最终可以得到一个 $M \times M \times (k+1)$ 的输出掩码张量。至于掩码预测分支，本章采用全卷积网络产生一个 $N\times N\times C$ 的输出张量，其中 C 表示预测物体类别的总数，N 代表关键点预测分支特征图的最终上采样大小。此外，为了捕获物体的整体边缘信息，轮廓关键点检测网络需要对关键点预测分支的输出特征进行通道级相加，将多个关键点的信息映射到单个热图中。接着，利用步长为 2 的 3×3 卷积层将热图缩小到与掩码预测分支输出相同的空间尺度。最后，在预测分支利用特征融合将实例的边缘信息广播到 Mask Head 分割掩码之中。上述融合过程在数学上描述如下：

$$O_k = \sum_{i=1}^{i=k+1} \mathrm{conv}_{3\times 3}^{s=2}\left(f_{k+1}\right) \tag{6.1}$$

$$O_m = O_k \otimes f_m \tag{6.2}$$

其中，$\otimes$ 代表通道维度乘法，s 代表卷积运算的步长，f_{k+1} 代表关键点预测分支的输出特征，f_m 代表输出掩模预测分支的特征。

6.5 联合损失函数

在原始的 Mask R-CNN 中，多任务损失被定义为三个部分：L_{cls}、L_{box} 和 L_{mask}。具体来说，对于 L_{cls}、L_{mask} 和 $L_{keypoint}$，本章都使用交叉熵损失(L_{CE})函数，而 L_{box} 使用 $L1$ 损失。将关键点检测添加到实例分割模型后，损失函数可以更新如下：

$$L = L_{cls} + L_{box} + L_{mask} + \alpha L_{keypoint} \tag{6.3}$$

$$L_1(x,\ y) = \{L_1, L_2, \cdots, L_n\}^{\mathrm{T}}\left(L_n = \left|x_n - y_n\right|\right) \tag{6.4}$$

$$L_{CE}\left(x, y\right) = -\frac{1}{n}\sum_x\left[y ln\left(a\right) + \left(1 - y\right) ln\left(1 - a\right)\right] \tag{6.5}$$

其中，α 表示权重参数，以平衡关键点检测任务的损失。在式(6.4)和式(6.5)中，x 表示输入样本，y 表示标签，a 表示预测输出，n 代表样本总数。

6.6　实验结果与分析

这一小节首先介绍了实验所用的数据集、评估标准和超参数设置。接着，为验证本章方法的有效性，本节在 COCO 和 Cityscapes 数据集上与其他先进方法进行了对比。此外，本节从轮廓关键点的选取和边缘特征融合两个方面进行消融实验。最后，本节展示了一些可视化结果，验证了本章方法的有效性。

6.6.1　实验设置

本章实验基于 PyTorch 后端和 Torchvision 检测模块进行部署，运行环境为 CentOS Linux 7 系统。硬件配置为 32GB 内存，处理器为 Intel Core i5-6600KF，并且使用了两个 Titan xp GPU 进行训练加速。在实验过程中，每一个训练批次中采用 4 张图像进行训练。为了减少过拟合，本章将训练图像尺寸的较短边从 [800，1024] 中随机采样。实例分割任务分割掩码预测的空间尺度为 28×28，关键点检测任务的预测掩码尺寸为 56×56。同时，本章以 0.5 的概率随机水平翻转输入图像以扩充数据集。在 Cityscapes 数据集上，本章的多任务联合模型总共训练了 64 个 epochs，并且前 48 个 epochs 的学习率为 0.005，其余 16 个 epochs 的学习率为 0.0005。对于训练优化设置，本章使用了权重衰减为 0.0001、动量为 0.9 的 SGD 进行梯度优化。如无特殊说明，本章均使用 ResNet-50 FPN 作为主干网络来提取底层特征。对于轮廓辅助检测任务，除消融实验外，本章使用具有 100 个采样点的均匀采样方法进行轮廓关键点提取。对于 COCO 数据集，实验共训练模型 24 个 epochs，初始学习率为 0.005，并分别在 16 和 22 个 epochs 后将其以 0.1 的倍率进行下降。

6.6.2　与其他先进方法的对比实验

1. COCO 数据集上的实验结果

相较于 Cityscapes 数据集，COCO 数据集包含更多的物体类别和尺度，因此对算法的性能更具挑战性。COCO 数据集上的实验结果如表 6.1 所示。

需要注意的是，在 COCO 数据集上实验时，设置损失平衡权重系数 $\alpha = 0.1$，关于此超参数的选取请参考后续的消融实验。从实验结果可以看出，本章算法相对于单阶段算法，如 YOLACT 和 PolarMask，具有明显的优势，可以取得 2%以上的性能增益，并且，相对于两阶段的基线方法，Mask R-CNN 也取得了 0.8%的性能增益。值得注意的是，虽然本章提出的 Mask Point R-CNN 在其他评估指标上取得了显著的性能改进，但在小物体上略有下降。笔者推断这种在小物体上的性能差异主要是由采用的关键点采样策略引起的。如前所述，当采样的小物体轮廓点数量不足时，本方法通过随机抽取现有轮廓点来获得固定数量的采样点，以满足深度神经网络的输入要求，而这种随机选择重复采样点的方式可能会损害网络的判断。

表 6.1   在 COCO 数据集上的结果 (%)

方 法	主干网络	AP	APs	APm	APl
MS YOLACT[2]	R-101	30.0	10.2	31.5	48.3
RISAT[3]	R-101	31.9	8.8	32.7	**53.0**
YOLACT[4]	R-101	31.2	12.1	33.3	47.1
PolarMask[5]	R-101	32.1	14.7	33.8	45.3
PolarMask ++[6]	R-101	33.8	16.6	35.8	46.2
BlendMask[7]	R-50	34.3	14.9	36.4	48.9
CDANet[8]	R-50	34.4	17.8	36.5	45.5
DANCE[9]	R-50	34.6	**19.3**	37.2	43.9
SipMaskv2[10]	R-101	34.7	13.2	37.8	52.8
SparseInst[11]	R-50	34.7	14.3	36.2	50.7
Mask R-CNN[12]	R-50	34.9	19.0	37.4	45.0
BPMask[13]	R-101	35.0	17.1	37.4	48.6
CondInst[14]	R-50	35.4	18.4	37.9	46.9
MS R-CNN[15]	R-50	**35.8**	16.2	37.4	51.0
Mask Point R-CNN	R-50	35.7	18.6	**38.1**	46.4

2. Cityscapes 数据集上的实验结果

本节报告了本章模型与其他先进方法在 Cityscapes 数据集上的结果，如

表 6.2 所示。在"fine-only"数据上，本章方法 Mask Point R-CNN[fine-only]
在验证集上相对于基线网络 Mask R-CNN*[fine-only]取得了+3.8%的性能增
益，在测试集上取得了+3.7%的性能增益。特别地，相对于 Mask R-CNN，
其在"人"和"轿车"类别上可以取得+3.3%和+4.6%的性能提升。笔者推
断这是因为这两个类别相对于其他类别具有更多的训练数据和更规则的几
何形状。

表 6.2　在 Cityscapes 数据集上的比较结果 (%)

(*代表使用本章设备重新训练得到的结果)

方　法	AP [Val]	AP	人	骑手	轿车	卡车	公交车	火车	摩托车	自行车
Polygon-RNN++[16]	—	25.4	29.3	21.7	48.2	21.1	32.3	23.7	13.6	13.6
BshapeNet+ [fine-only][17]	—	27.3	29.7	23.3	46.7	26.0	33.3	24.8	20.3	14.1
Neven et al.[18]	—	27.6	34.5	26.0	52.4	21.6	31.1	16.3	20.0	18.8
GMIS[19]	—	27.6	29.2	24.0	42.7	25.3	37.2	32.9	17.5	11.8
BMask R-CNN[20]	—	29.4	34.3	25.6	52.6	24.2	35.1	24.5	21.4	17.1
GAIS-Net[21]	—	32.0	36.0	29.0	52.8	29.6	39.7	28.9	23.2	18.5
UPSNet[22]	—	33.0	35.9	27.4	51.8	31.7	43.0	31.3	23.7	19.0
Axial-DeepLab-L[23]	—	33.2	31.9	27.8	52.3	30.6	44.1	33.9	25.7	19.2
LevelSet R-CNN[24]	—	33.3	36.9	29.2	54.6	30.4	39.3	30.2	25.4	20.3
Mask R-CNN[fine-only]	31.5	26.2	30.5	22.7	46.9	22.8	32.2	18.6	19.1	16.0
Mask R-CNN*[fine-only]	33.1	28.5	34.0	25.7	51.3	24.4	32.1	22.1	20.9	17.5
Mask Point R-CNN[fine-only]	36.9	31.2	37.3	28.2	55.9	28.6	35.1	23.7	21.3	19.8
Mask Point R-CNN [fine-only+coco]	—	**34.3**	**40.0**	**30.8**	**57.5**	30.4	40.8	28.6	25.2	**20.9**

6.6.3　消融分析实验

1. 特征融合的结构设计选择

在 Mask Point R-CNN 框架中需要多个任务之间的特征融合，但实例分割任务和关键点检测任务之间输出张量的空间尺度不同，分别为 28×28 和 56×56。因此，在进行融合操作之前需要保证输入特征具有相同的空间尺度。图 6.4 展示了一些设计选择，解释如下：

(a) 轮廓关键点预测分支的输出大小为 $56 \times 56 \times (k+1)$，分割掩码预测分支的输出大小为 $28 \times 28 \times C$。在对关键点预测器输出进行逐通道相加后，利用步长为 2 的 3×3 卷积层将轮廓关键点特征图空间比例减小到 28×28。

(b) 轮廓关键点预测分支和分割掩码预测分支的输出与设计(a)相同。不同的是，在对关键点预测器输出进行逐通道相加之前，利用步长为 2 的 3×3 卷积层将轮廓关键点特征图空间比例减小到 28×28。

(c) 轮廓关键点预测分支的输出尺寸为 $56 \times 56 \times (k+1)$，分割掩码预测分支的输出尺寸是 28×28。然后利用反卷积层将掩码预测器的空间输出比例上采样到 56×56。

(d) 轮廓关键点预测分支的输出尺寸为 $28 \times 28 \times (k+1)$，分割掩码预测分支的输出大小为 $28 \times 28 \times C$。

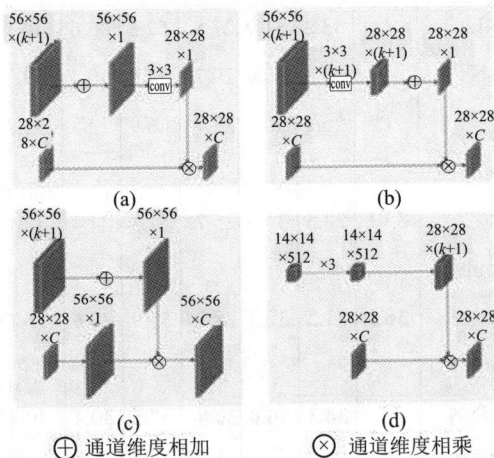

图 6.4　不同的特征融合设计

在上述四种设计结构中，(a)、(b)和(d)方案轮廓边缘语义和分割语义融合后最终的输出特征尺度为 28×28，(c)方案的输出特征尺寸为 56×56。实验结果如表 6.3 所示，可以看到，除了方案(a)之外，其他三种方案都可以实现模型性能的提升。这是因为方案(a)只使用一个卷积层来处理单通道特征(即 56×56×1)的预测结果，这会丢失大量的边缘预测信息。综合性能比较，本章特征融合的结构设计最终选择方案(b)。

表 6.3　不同的特征融合结构设计对模型性能的影响 (%)

方　法	AP	AP^{50}
基线方法	33.1	60.0
方案(a)	31.8	59.5
方案(b)	**36.0**	**63.0**
方案(c)	35.6	62.3
方案(d)	34.9	62.1

2. 下采样方法选择

选定特征融合结构之后，此部分尝试通过三种不同方法来减小轮廓关键点预测分支输出特征的空间尺度，分别是最大池化、平均池化和步长为 2 的 3×3 卷积层。表 6.4 展示了上述空间尺度缩减设计的结果，从中可以看到三种方法都可以提高模型的性能，这进一步验证了本章方法的有效性。值得注意的是，与简单的池化操作相比，对于本章模型使用具有可学习参数的卷积下采样方法性能更好，因此最终采用卷积方法进行下采样。

表 6.4　不同的下采样方法对模型性能的影响 (%)

下采样方式	AP	AP^{50}
基线方法	33.1	60.0
最大池化	34.1	61.5
平均池化	33.6	60.7
3×3 卷积	**36.0**	**63.0**

3. 特征融合方式选择

在对轮廓关键点预测分支输出进行逐通道相加和空间尺度缩减之

后，接下来的操作就是特征融合。此实验测试了最大值、乘法和加法三种方法来选择最佳融合策略，结果如表 6.5 所示，从中可以看到乘法融合方法可以更好地适应本章模型，所以最终选择这种模式作为融合手段。

表 6.5   不同的特征融合方式对模型性能的影响 (%)

融合方式	AP	AP^{50}
基线方法	33.1	60.0
相加	34.3	61.5
最大值	31.9	61.0
相乘	**36.0**	**63.0**

4. 轮廓关键点的选择影响

如前所述，本章模型需要同时完成多个训练任务，包括目标检测、实例分割和轮廓关键点检测。但是现有数据集并不提供物体轮廓关键点标签，因此需要额外对其进行构建。对于图片中的物体来说其分类标签是唯一固定的，但是对于轮廓点标签，则需要从物体的边缘采样，这意味着有更多的选择策略。具体来说，此实验分别分析了角点采样和均匀采样对实验结果的影响，结果如表 6.6 所示。一般来说，角点采样反映了物体的重点变化信息，而均匀采样则反映了物体的整体几何细节。从实验结果可以看出，捕捉物体整体几何位置信息更有利于实例分割。因此，本章使用均匀采样方法来制作物体轮廓关键点标签。

表 6.6   轮廓点采样方式对模型性能的影响 (%)

采样方式	AP	AP^{50}
基线方法	33.1	60.0
角点采样	35.1	62.1
均匀采样	**36.0**	**63.0**

此外，表 6.7 还展示了不同采样点数量对模型性能的影响。具体来说，本章分别将采样点设为 50、100 和 150 进行了对比实验。实验结果表明，

过多的采样点数会降低模型的有效性，其原因可能是采样点过多会增加轮廓关键点预测子网络的参数，导致网络更容易过拟合。

表 6.7　轮廓点数量对模型性能的影响 (%)

采样数量	AP	AP^{50}
基线方法	33.1	60.0
50	34.5	61.7
100	**36.0**	**63.0**
150	35.3	62.1

同时，为了引导模型学习对象边界点和中心点之间的几何关系，本章不仅使用了从物体轮廓采样的点，还使用了物体的中心点。由于物体的中心点可以看作是极坐标系中的原点，因此物体边界点相对于中心点的距离和角度对于同一类别的物体具有一定的规律性。对此，本节也通过实验评估了添加物体中心点的效果，以验证上述分析。结果如表 6.8 所示，其中 AP^{bb} 表示边界框检测结果的 AP 值，AP^{mask} 和 $AP^{keypoint}$ 分别表示分割掩码预测结果和轮廓关键点预测结果的 AP 值。从对比结果可以看到本章方法可以同时提高实例分割、关键点估计和物体检测任务的性能。

表 6.8　不同任务性能对比 (%)

方　法	AP^{bb}	AP^{mask}	$AP^{keypoint}$
基线方法	33.1	32.4	—
仅采用轮廓边界	36.8	—	55.7
本章方法(除中心点)	36.7	34.3	56.0
Mask Point R-CNN	**37.2**	**35.2**	**56.4**

5. 损失函数平衡系数α的影响

在本章模型中，轮廓点检测只是一个辅助任务。因此，它应该能够在尽可能不影响其他任务的情况下帮助实例分割任务更好地关注边缘信息。所以, 本章通过设置其损失函数的平衡系数来平衡每个任务在多任务联合训练中的重要性, 实验结果如表 6.9 所示。从表中结果可以看出, 本章方法对平衡系数十分敏感, 当设置 $\alpha = 0.5$ 时可以获得最好的性能, 因此本章使用此超参数作为损失函数。

表 6.9　损失函数平衡系数 α 对模型性能的影响 (%)

α	AP	AP^{50}
1	36.0	63.0
0.5	**36.9**	**64.3**
0.2	35.1	62.1

6.6.4　可视化结果分析

为了更直观地验证本章方法的有效性, 本章分别将轮廓关键点预测分支获得的特征图和分割掩码预测分支获得的相应特征图进行了可视化分析。图 6.5 展示了一些示例(热图中较暗的像素代表较高的分数)。在图 6.5 中, 第 2 列和第 4 列显示的热图从分割掩码预测分支获得。而内向激活和外向激活由多任务联合训练中子任务的不同监督功能驱动构成。分割任务损失函数的监督标签是一个二进制掩码, 用于对物体的前景和背景进行分类。因此, 它旨在通过分割子网络激活物体所在区域并抑制背景信息, 从而产生向内向激活。相比之下, 第 1 列和第 3 列中显示的热图是由新添加的物体轮廓关键点检测子分支生成的, 用于促进模型对物体边界的关注, 因此是一种外向激活。同时, 从图 6.6 的中第 2 行所示的 Cityscapes 数据集上实例分割结果可以看出, 本章设计的关键点辅助任务能够有效地检测出物体的轮廓。从以上示例可以推断出, 轮廓关键点预测分支的输出特征图作为外向激活, 不仅可以学习到物体的边界信息还能够反映出整体图像的背景信息。因此, 本章将两个任务融合得到分割掩码, 并以此作为最终输出特征, 相当于通过组合背景和前景特征来分割对象。

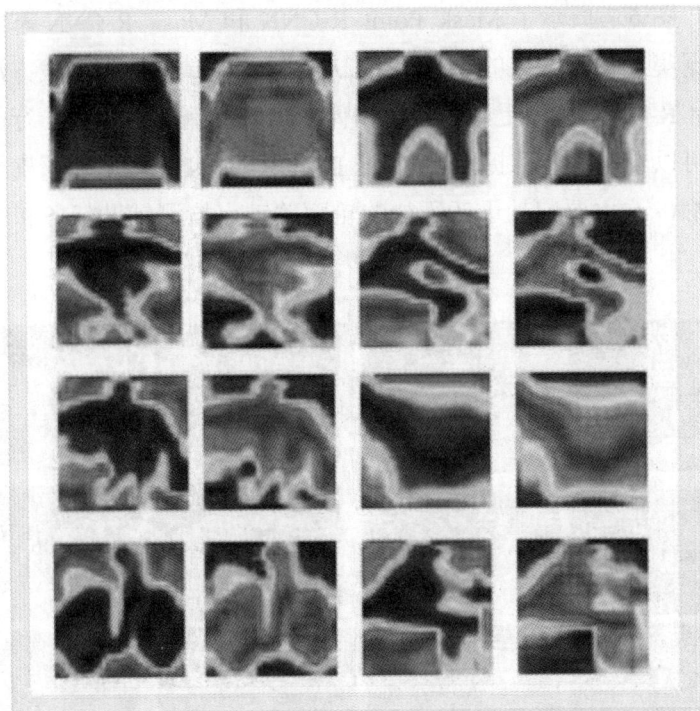

图 6.5　实例中间特征热力图展示

(第 1、3 列为轮廓点检测分支中间特征，第 2、4 列为分割掩码预测分支中间特征)

图 6.6　Mask Point R-CNN 在 Cityscapes 数据集上的实例分割结果展示

(第 1 行是原始输入图像，第 2 行是轮廓点检测结果，第 3 行是联合训练检测结果)

此外，图 6.7 展示了 Mask Point R-CNN 和 Mask R-CNN 基线方法在 COCO 数据集上预测结果的一些示例。从图中可以看出，与基线方法相比，Mask Point R-CNN 可以更好地拟合物体的轮廓，例如，从第 1 行的前两张对比图片可以看出，本章提出的 Mask Point R-CNN 可以更加精确地分割出键盘的轮廓，这主要归功于新添加的轮廓关键点检测辅助任务和有效的融合策略。

图 6.7   COCO 数据集上与基线方法的预测结果对比

(第 1、3 列为基线方法预测结果，第 2、4 列为 Mask Point R-CNN 预测结果)

本 章 小 结

本章针对现阶段实例分割算法难以捕获物体边缘几何信息的问题，在 Mask R-CNN 的基础上提出了一个辅助任务，即利用关键点检测技术来构建目标边缘轮廓，通过多任务联合训练和特征融合来增强网络对物体边缘的敏感性。同时，本章对辅助任务中的轮廓点提取和特征融合问题进行了重点探索，并且在 Cityscapes 数据集和 COCO 数据集上进行实验证明了本章方法的有效性。

参 考 文 献

[1]　ZHANG Y, YANG Q. A survey on multi-task learning[J]. IEEE Transactions on Knowledge and Data Engineering, 2021, 34(12): 5586-5609.

[2]　ZENG J, OUYANG H, LIU M, et al. Multi-scale YOLACT for instance segmentation[J]. Journal of King Saud University-Computer and Information Sciences, 2022, 34(10): 9419-9427.

[3]　PEI S, NI B, SHEN T, et al. RISAT: real-time instance segmentation with adversarial training[J]. Multimedia Tools and Applications, 2023, 82(3): 4063-4080.

[4]　BOLYA D, ZHOU C, XIAO F, et al. Yolact: Real-time instance segmentation[C]//Proceedings of the IEEE/CVF International Conference on Computer Vision.Seoul,South Korea:IEEE, 2019: 9157-9166.

[5]　XIE E, SUN P, SONG X, et al. Polarmask: Single shot instance segmentation with polar representation[C]//Proceedings of the IEEE/CVF Conference on Computer Vision and Pattern Recognition.Seattle,WA,USA:IEEE, 2020: 12193-12202.

[6]　XIE E, WANG W, DING M, et al. Polarmask++: Enhanced polar representation for single-shot instance segmentation and beyond[J]. IEEE Transactions on Pattern Analysis and Machine Intelligence, 2021, 44(9): 5385-5400.

[7]　CHEN H, SUN K, TIAN Z, et al. Blendmask: Top-down meets bottom-up for instance segmentation[C]//Proceedings of the IEEE/CVF Conference on Computer Vision and Pattern Recognition. Seattle,WA,USA:IEEE, 2020:

8573-8581.

[8]　WANG Y, LI Y, GUO X, et al. CDANet: common-and-differential attention network for object detection and instance segmentation[J]. Pattern Recognition Letters, 2022, 158: 48-54.

[9]　LIU Z, LIEW J H, CHEN X, et al. Dance: A deep attentive contour model for efficient instance segmentation[C]//Proceedings of the IEEE/CVF Winter Conference on Applications of Computer Vision.Waikoloa,HI,USA:IEEE, 2021: 345-354.

[10]　CAO J, PANG Y, ANWER R M, et al. SipMaskv2: Enhanced fast image and video instance segmentation[J]. IEEE Transactions on Pattern Analysis and Machine Intelligence, 2022, 45(3): 3798-3812.

[11]　CHENG T, WANG X, CHEN S, et al. Sparse instance activation for real-time instance segmentation[C]//Proceedings of the IEEE/CVF Conference on Computer Vision and Pattern Recognition.New Orleans,LA,USA,IEEE, 2022: 4433-4442.

[12]　HE K, GKIOXARI G, DOLLÁR P, et al. Mask r-cnn[C]//Proceedings of the IEEE International Conference on Computer Vision.Venice,Italy:IEEE, 2017: 2961-2969.

[13]　YANG H, ZHENG L, BARZEGAR S G, et al. Borderpointsmask: One-stage instance segmentation with boundary points representation[J]. Neurocomputing, 2022, 467: 348-359.

[14]　TIAN Z, ZHANG B, CHEN H, et al. Instance and panoptic segmentation using conditional convolutions[J]. IEEE Transactions on Pattern Analysis and machine intelligence, 2022, 45(1): 669-680.

[15]　HUANG Z, HUANG L, GONG Y, et al. Mask scoring r-cnn[C]//Proceedings of the IEEE/CVF Conference on Computer Vision and Pattern Recognition.Long Beach,CA,USA:IEEE, 2019: 6409-6418.

[16]　ACUNA D, LING H, KAR A, et al. Efficient interactive annotation of segmentation datasets with polygon-rnn++[C]//Proceedings of the IEEE Conference on Computer Vision and Pattern Recognition.Salt Lake

City,UT,USA:IEEE, 2018: 859-868.

[17]　KANG B R, LEE H, PARK K, et al. Bshapenet: Object detection and instance segmentation with bounding shape masks[J]. Pattern Recognition Letters, 2020, 131: 449-455.

[18]　NEVEN D, BRABANDERE B D, PROESMANS M, et al. Instance segmentation by jointly optimizing spatial embeddings and clustering bandwidth[C]//Proceedings of the IEEE/CVF Conference on Computer Vision and Pattern Recognition.Long Beach,CA,USA:IEEE, 2019: 8837-8845.

[19]　LIU Y, YANG S, LI B, et al. Affinity derivation and graph merge for instance segmentation[C]//Proceedings of the European conference on Computer Vision (ECCV).Munich,Germany:Springer, 2018: 686-703.

[20]　CHENG T, WANG X, HUANG L, et al. Boundary-preserving mask r-cnn[C]//Proceedings of the 16th European Conference on Computer Vision. Glasgow, UK: Springer, 2020: 660-676.

[21]　WU C Y, HU X, HAPPOLD M, et al. Geometry-aware instance segmentation with disparity maps[DB/OL]. arXiv preprint arXiv:2006.07802,2020. https://arxiv.org/abs/2006.07802.

[22]　XIONG Y, LIAO R, ZHAO H, et al. Upsnet: A unified panoptic segmentation network[C]//Proceedings of the IEEE/CVF Conference on Computer Vision and Pattern Recognition.Long Beach,CA,USA:IEEE, 2019: 8818-8826.

[23]　WANG H, ZHU Y, GREEN B, et al. Axial-deeplab: Stand-alone axial-attention for panoptic segmentation[C]//Proceedings of the 16th European Conference on Computer Vision.Glasgow,UK: Springer International Publishing, 2020: 108-126.

[24]　HOMAYOUNFAR N, XIONG Y, LIANG J, et al. Levelset r-cnn: A deep variational method for instance segmentation[C]//Proceedings of the 16th European Conference on Computer Vision. Glasgow, UK: Springer, 2020: 555-571.